应用型本科 计算机类专业系列教材

Java程序设计及移动APP开发

朱养鹏 李高和 宋振涛 编著

西安电子科技大学出版社

内 容 简 介

本书以简明的方式介绍了 Java 的基础知识，并介绍了运用 Java 进行 Android 程序开发的过程。全书共 11 章，前 10 章主要介绍 Java 的基础语法和基本知识，包括 Java 的安装、语言基础、条件语句、循环语句、数组和面向对象的基础知识等，并且对 Java 中的异常处理机制、Java 的类库、输入输出操作和数据库操作进行了详细描述；第 11 章主要介绍运用 Java 进行 Android 手机 APP 开发的过程，包括开发系统的配置、手机 APP 软件的开发流程等内容。为便于学生巩固所学知识，每章都附有相应的习题。

本书可以作为高等院校计算机科学、电子科学与技术、信息科学等专业本科生及研究生的教材，也可以作为相关研究人员及工程技术人员的参考书。

图书在版编目(CIP)数据

Java 程序设计及移动 APP 开发 / 朱养鹏，李高和，宋振涛编著. —西安：
西安电子科技大学出版社，2020.1 (2020.11 重印)
ISBN 978-7-5606-5535-2

Ⅰ. ①J…　Ⅱ. ① 朱…　② 李…　③ 宋…　Ⅲ. ①JAVA 语言—程序设计　②移动终端—应用程序—程序设计　Ⅳ. ①TP312.8　②TN929.53

中国版本图书馆 CIP 数据核字(2019)第 243587 号

策划编辑　明政珠
责任编辑　祝婷婷　雷鸿俊
出版发行　西安电子科技大学出版社(西安市太白南路 2 号)
电　　话　(029)88242885　88201467　　　邮　　编　710071
网　　址　www.xduph.com　　　　　　　电子邮箱　xdupfxb001@163.com
经　　销　新华书店
印刷单位　陕西天意印务有限责任公司
版　　次　2020 年 1 月第 1 版　2020 年 11 月第 2 次印刷
开　　本　787 毫米 × 1092 毫米　1/16　印 张 14.25
字　　数　335 千字
印　　数　1001～3000 册
定　　价　38.00 元
ISBN 978 - 7 - 5606 - 5535 - 2 / TP
XDUP 5837001 - 2
如有印装问题可调换

前　言

随着计算机技术的迅猛发展，计算机编程语言更新换代的速度越来越快，一门语言过不了几年就过时了。但是，多年来 Java 语言一直有着非常强大的应用市场。2019 年 7 月 TIOBE 公布的编程语言排行榜中，Java 语言还是稳居全球第一。

近些年来，手机 APP 的开发热火朝天，手机 APP 开发程序员的工资也明显高于其他程序员。要学习手机 APP 开发，通常必须首先学习 Java 编程，再学习 Android 系统开发。但是，市面上将 Java 编程知识和 Android 系统开发知识结合起来讲解的书籍非常少。正是基于这一点，编者在本书中首先介绍了 Java 的编程知识，包含相关软件的下载、安装、配置及基础语法的讲解，内容详尽。在此基础上，本书的第 11 章介绍了移动手机 APP 的开发，其中融入了编者自己多年开发项目的经验，对开发过程进行了详细叙述，使初学者能够轻松掌握。针对手机程序中数据库的连接，本书进行了更深入的介绍，构建了最新的知识体系，包括当前流行的 Bmob 后端云数据库的连接方法、SQL Server 数据库的连接方法和 MySQL 数据库的连接方法。此外，本书还介绍了利用百度地图定位的手机 APP 开发。

本书编者将多年的教学经历和实际项目开发经验相结合，采用图文并茂的形式，详细地讲解了 Java 的相关知识。书中程序示例均经过反复调试，是编者多年教学经验和实际项目开发经验的总结，实用性较强。

本书第一作者朱养鹏老师完成了第 10～11 章的编写任务，第三作者宋振涛老师完成了第 7 章 7.1 节的编写任务，其余章节的编写任务和全书的最后统稿工作由第二作者李高和老师完成。

由于时间仓促，本书在编写过程中不可避免地存在一些疏漏，望读者多多指正。作者联系方式：gaoheli@xsyu.edu.cn。

编　者

2019 年 9 月

目　录

第 1 章　Java 的简介和安装

1.1　Java 简介

本章介绍程序设计的基本概念并让读者对 Java 有一个初步认识，重点介绍程序、程序设计、计算机程序设计、计算机程序设计语言等基本概念。

现代计算机都是基于冯·诺伊曼模型结构的，此模型着眼于计算机的内部结构，把计算机分为四个子系统：存储器、算术/逻辑单元、控制单元、输入/输出单元。

冯·诺伊曼模型中，程序由一组数量有限的指令组成，程序必须存储在内存中，程序依据算法完成运算任务，即程序按照时间顺序依次安排工作步骤。程序设计则是对工作步骤的编排和优化。程序设计有着比计算机更长的历史，只不过计算机的出现使得程序设计有了更专门的领域——计算机程序设计，并得到空前的发展。计算机程序设计又称为编程（programming），是一门设计和编写计算机程序的科学和艺术。用来书写计算机程序的语言称为计算机程序设计语言。语言的基础是一组记号和规则，根据规则由记号构成的记号串的总体就是语言。任何计算机程序设计语言都有自己特定的词汇，一般来说词汇集是由标识符、保留字、特殊符号、指令字、数、字符串及标号等组成的。程序语言不但是人们向计算机传达工作内容和工作步骤的工具，也是人们编制程序进行思考的工具和人与人之间使用计算机技术进行交流的工具。一般初学者都是通过学习一种程序语言来学习使用计算机的。因此程序语言又是普及计算机知识的工具，是人类走进计算机世界的钥匙。

Java 是一门计算机程序设计语言。

Java 的历史可以追溯到 1991 年，源自 Patrick Naughton 和 James Gosling 领导的一个 SUN 公司工程师小组的项目。SUN 公司在 1996 年早期发布了 Java 第 1 版。多年来，SUN 公司对 Java 产品不断改进升级，使之紧跟时代步伐，满足了日益复杂的软件开发需求。

Java 是一种高级的、严格检查数据类型的、面向对象的程序设计语言，还是一种平台无关的、健壮的和安全的程序设计语言。Java 具有下面所列的特点：

（1）简单性。Java 的风格类似 C 和 C++，与 C 语言的语法很相似，但丢弃了 C 和 C++ 中那些比较难懂的内容，如指针、操作符重载、自动强制类型转换等。对于熟悉 C 语言的程序员来说，是非常容易掌握 Java 语言的。Java 提供了内存自动回收处理机制，使得程序员再不用担心内存管理的问题。

（2）面向对象。面向对象是一种新的程序设计范型。它从现实世界中客观存在的事物（即对象）出发来构造软件系统，并在系统构造中尽可能地运用人类的自然思维方式，强调直接以问题域(现实世界)中的事物为中心来思考问题、认识问题，并根据这些事物的本质特点，把它们抽象地表示为系统中的对象，作为系统的基本构成单位(而不是用一些与现实世界中的事物相关性弱，并且没有对应关系的其他概念来构造系统)。这可以使系统直接地映射问题域，保持问题域中事物及其相互关系的本来面貌。Java 是纯面向对象的语言，提供了类、接口和继承等面向对象的特性。为了使用时能够更简单，Java 只支持类直接的单继承和接口之间的多继承，并且也支持类与接口之间的实现机制。

(3) 分布式。Java 支持 Internet 开发，强调网络特性，内置 TCP/IP、HTTP 和 FTP 协议库，便于开发网络应用程序；提供网络应用程序的类库，包括 URL、URLConnection、Socket、ServerSocket 等；Java 的 RMI(远程方法激活)机制也是开发分布式应用的重要方法。

(4) 健壮性。Java 的健壮性体现在安全检查机制、垃圾回收机制、异常处理、强类型机制等方面。除了在运行时的错误检查外，Java 还提供了广泛的编译时异常检查，以便尽早发现可能存在的错误。

(5) 安全性。Java 的安全性可以从两方面得到保证。一方面，在 Java 语言中，指针和内存释放等 C++中的功能被删除，避免了非法操作内存。另一方面，当用 Java 创建浏览器时，可以将语言功能和一些浏览器本身提供的功能结合起来，使 Java 更安全。Java 可以防止被恶意代码攻击，因为它具有安全防范机制 ClassLoder 类、安全管理机制 SecurityManager 类等。

(6) 平台无关性。平台无关性指的是在不同的平台上，程序都可以运行。Java 的运行环境是用 ANSI C 实现的，所以具有很强的移植性，可以在不同的操作系统平台上运行。Java 编译器将 Java 程序编译成二进制代码，即字节码。字节码有统一格式，不依赖于具体的硬件环境。

平台无关性包括源代码级和目标代码级两种类型。C/C++属于源代码级与平台无关，意味着它编写的应用程序不用修改，只需要重新编译就可以在不同平台上运行。Java 属于目标代码级与平台无关，主要靠 Java 虚拟机(Java Virtual Machine，JVM)来实现。JVM 是可运行 Java 字节码文件的虚拟计算机。所有平台上的 JVM 向编译器提供相同的编程接口。而编译器只需要面向 JVM，生成 JVM 理解的代码即可，然后由 JVM 来解释执行，从而提高了执行效率。

(7) 解释性。Java 程序在自己的平台上被编译，并生成一种与平台无关的字节码(也就是*.class 文件)。生成的字节码经过了优化，因此运行速度快，克服了以往解释性语言运行效率低的缺点。运行时，Java 平台上的解释器对这些字节码进行解释执行，执行过程中需要的类在连接阶段被载入到运行环境中。Java 解释器 1 秒钟可以调用 300 000 个过程，解释目标代码的速度与 C/C++基本没有什么区别。负责解释执行字节码文件的是 Java 虚拟机。可以说，Java 语言既具有解释性语言的特征，又具有编译性语言的特征。

(8) 高性能。在所有解释性语言中，Java 的运行速度比较高，已经接近 C++。

(9) 多线程。程序同时处理多个任务就称为多线程。C/C++都具有多线程的特点。Java 的多线程具有并发性，执行效率高。

(10) 动态性。动态性好的软件升级容易。Java 程序中需要的类可以动态载入到运行环境，也可以通过网络载入需要的类。

1.2　安装 JDK

JDK 的全称是 Java Development Kit，也就是 Java 开发工具箱。JDK 包含了 Java 的运行环境(Java Runtime Environment)、Java 工具和开发者开发应用程序时需要调用的 Java 类库。

要下载 Oracle 公司的 JDK 可以百度 "JDK"，只需进入 Oracle 公司的 JDK 下载页面，选择自己电脑系统的对应版本即可。如图 1-1 所示，当前下载页面的地址为 http://www.oracle.com/technology/index.html，在下载页面点击 "Java Developers"，出现如图 1-2 所示页面；在此页面选择 "Java SE"(Standard Edition，标准版)，出现如图 1-3 所示页面；在此页面选择 "JDK DOWNLOAD"，即可下载 Java 标准版。

图 1-1　JDK 下载页面(1)

图 1-2　JDK 下载页面(2)

图 1-3 JDK 下载页面(3)

本书使用的安装程序是 jdk-7u79-windows-x64.exe。

(1) 双击下载的安装程序，出现如图 1-4 所示的安装向导，点击"下一步"按钮。

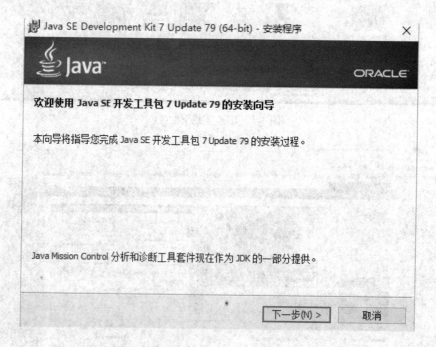

图 1-4 JDK 安装向导

(2) 选择安装路径。在图 1-5 所示的界面点击"更改"，选择安装路径，如图 1-6 所示。安装路径设置好后，点击"下一步"按钮，显示正在安装的界面，如图 1-7 所示。

图 1-5　JDK 安装向导

图 1-6　更改安装路径

图 1-7　正在安装

JDK 默认安装成功后，会在系统目录下出现两个文件夹，分别是 jdk 和 jre。打开 jdk 目录下的 bin 目录，里面有许多后缀名为 exe 的可执行程序，这些都是 JDK 中提供的工具。在后面配置 JDK 的环境变量时，可以方便地调用这些工具。

JDK 包含的基本工具主要有：

- javac：Java 编译器，将源代码转成字节码。
- jar：打包工具，将相关的类文件打包成一个文件。
- javadoc：文档生成器，从源码注释中提取文档。
- jdb：调试查错工具。
- java：运行编译后的 java 程序。

1.3 配置 JDK 环境变量

很多刚开始学习 Java 的开发人员按照网上的教程可以很轻松地配置好 Windows 上 JDK 的环境变量，但是并没有多想为什么要这么配置。

我们平时要打开一个应用程序，一般是通过双击桌面的应用程序图标，或单击系统开始菜单中应用程序的菜单链接实现的。无论是桌面的快捷图标还是菜单链接，都包含了应用程序的安装位置信息，打开它们的时候系统会按照这些位置信息找到安装目录，然后启动程序。我们可以单击图标，以右键选择属性，看看具体的内容，如图 1-8 所示。

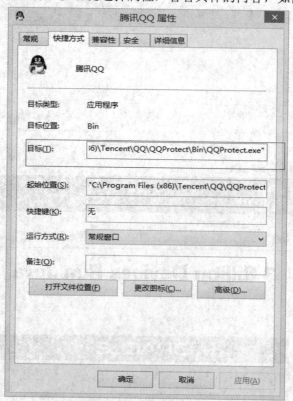

图 1-8　桌面图标的属性

从图 1-8 可以看出，在"目标"中有一个路径，这是一个应用程序的安装目录位置。我们也可以通过命令行工具输入这个地址来打开这个应用程序。如 QQ 的位置为：C:\Program Files (x86)\Tencent\QQ\QQProtect\Bin，QQ 的应用程序名为 QQProtect.exe，只要打开命令行工具，进入"C:\Program Files (x86)\Tencent\QQ\QQProtect\Bin"目录，再输入"QQProtect"，即可运行 QQ，如图 1-9 所示。

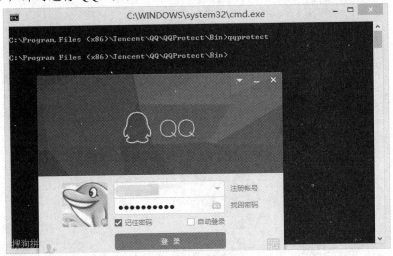

图 1-9 命令行运行 QQ 程序

如果我们希望打开命令行工具后，直接输入"QQProtect"就能启动 QQ 程序，而不是每次都进入 QQ 的安装目录再启动，则可以通过配置系统环境变量 Path 来实现，具体步骤是：

(1) 右击"我的电脑"，选择"属性"，在打开的窗口中点击左边的"高级系统设置"，出现"系统属性"窗口，在"高级"选项卡下面点击"环境变量"，如图 1-10 所示。

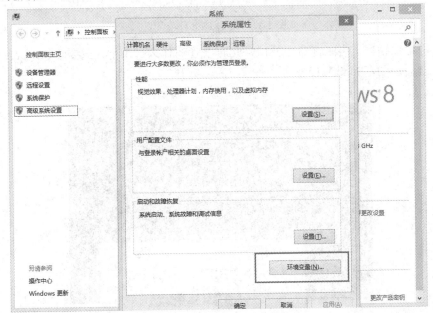

图 1-10 打开环境变量

(2) 输入变量名"Path"，在"变量值"(字符串内容)的后面追加 QQ 的安装目录："；C:\Program Files (x86)\Tencent\QQ\QQProtect\Bin"。注意追加的时候要在目录字符串的前面加个英文的分号，用来区分 Path 里面的不同路径，如图 1-11 所示。

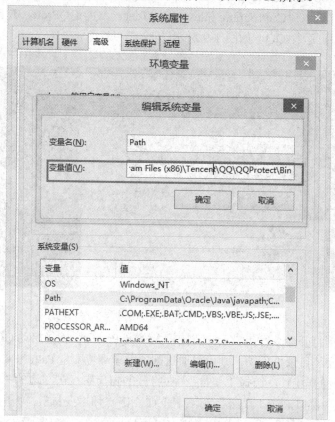

图 1-11　填写 Path 环境变量

(3) 确定保存后，再回到命令窗口，此时不管在什么目录下，只要输入"qqprotect"命令，QQ 就会启动，如图 1-12 所示。

图 1-12　直接在命令行输入运行程序

通过启动 QQ 的例子可以总结出：当要求系统启动一个应用程序时，系统会先在当前目录下查找，如果没有则在系统变量 Path 指定的路径中去查找。前面我们说了 JDK 包含了一些开发工具，这些开发工具都在 JDK 的安装目录下，为了方便使用这些开发工具，有必要把 JDK 的安装目录设置在系统变量中。这就是为什么在 Windows 安装了 JDK 后需要设置 JDK 的 bin 目录为系统环境变量的原因。

为了配置 JDK 的系统环境变量，需要设置三个系统变量，分别是 JAVA_HOME、Path 和 CLASSPATH。下面是这三个变量的设置规范。

(1) JAVA_HOME。先设置这个系统变量名称，变量值为 JDK 在电脑上的安装路径。注意，这里的安装路径必须要与图 1-6 一致。例如：C:\Program Files\Java\jdk1.8.0_20。创建好后则可以用%JAVA_HOME%作为 JDK 安装目录的统一引用路径。

(2) Path。Windows 操作系统中 Path 属性已存在，可直接编辑，只需在原来的变量后追加 ";%JAVA_HOME%\bin;%JAVA_HOME%\jre\bin" 即可。注意前面的分号不要忘记。

(3) CLASSPATH。设置系统变量名为：CLASSPATH，变量值为 ";%JAVA_HOME%\lib\dt.jar" 和 ";%JAVA_HOME%\lib\tools.jar"。也注意前面的分号不要忘记；变量值字符串前面有一个 "." 表示当前目录。

设置 CLASSPATH 的目的在于告诉 Java 执行环境变量，在哪些目录下可以找到所要执行的 Java 程序所需要的类或者包。

1.4　安装 Eclipse

Eclipse 是 Java 应用程序及 Android 开发的集成开发环境(IDE)。Eclipse 不需要安装，只需将下载的解压包解压后，剪切 Eclipse 文件夹至想要安装的地方，打开时设置工作目录即可。

Eclipse 的版本有多个，这里选择下载 Eclipse IDE for Java EE Developers 这个版本，如图 1-13 所示。

图 1-13　下载 Eclipse

1.5　安装 Android SDK

配置了 JDK 环境变量，安装好了 Eclipse 后，如果只是开发普通的 Java 应用程序，那么 Java 的开发环境已经准备好了。而如果要通过 Eclipse 来开发 Android 应用程序，那么还需要下载 Android SDK(Software Development Kit)并为 Eclipse 安装 ADT 插件，这个插件能让 Eclipse 和 Android SDK 关联起来。

Android SDK 提供了开发 Android 应用程序所需的 API 库和构建、测试和调试 Android 应用程序所需的开发工具。

打开 http://developer.android.com/sdk/index.html 网站(如果网站不能打开，那就是因为"防火墙"的问题)，可以看到 google 提供了集成了 Eclipse 的 Android Developer Tools，因为我们已经下载了 Eclipse，所以选择单独下载 Android SDK Tools，如图 1-14 所示。

图 1-14　下载 Android SDK Tools

下载后双击安装，指定 Android SDK 的安装目录。为了方便使用 Android SDK 包含的开发工具，应在系统环境变量中的 Path 设置 Android SDK 的安装目录下的 Tools 目录。

在 Android SDK 的安装目录下双击"SDK Manager.exe"，打开 Android SDK Manager。Android SDK Manage 负责下载或更新不同版本的 SDK 包，可以看到默认安装的 Android SDK Manager 只安装了一个版本的 SDK Tools，如图 1-15 所示。

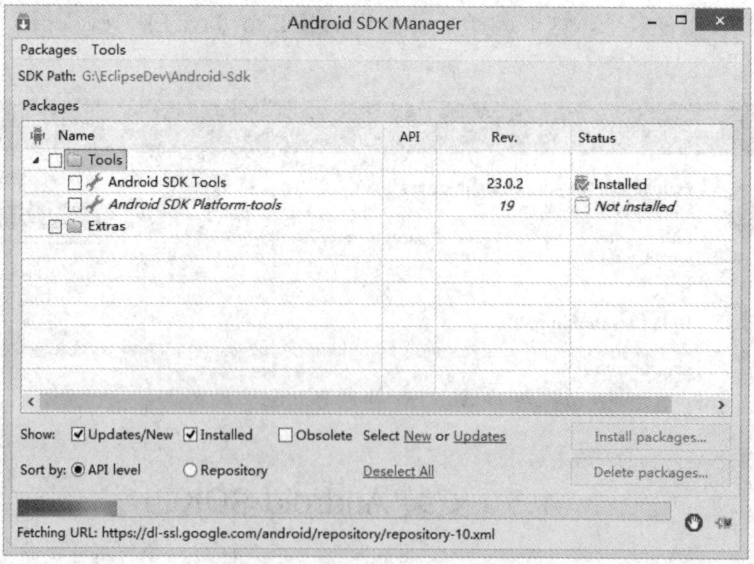

图 1-15　Android SDK Manage

　　打开 Android SDK Manager，它会获取可安装的 SDK 版本，但是有的网络有防火墙，有时会出现获取失败的情况，如图 1-16 所示。因此，最好购买一个 VPN 账号，可以直接访问外网。

图 1-16　Android SDK Manage 下载 SDK 失败

　　从弹出的 log 窗口中可以看到连接 https://dl-ssl.google.com/ 失败了。我们通过 Ping 命令可以发现，果然网络不通，如图 1-17 所示。

```
正在 Ping dl-ssl.l.google.com [74.125.23.91] 具有 32 字节的数据：
请求超时。
请求超时。
请求超时。
请求超时。
```

图 1-17　Ping SDK 下载失败的地址

　　采用以下步骤可以解决这个问题。

　　(1) 更改 hosts 文件。

　　hosts 文件在 C:\Windows\System32\drivers\etc 目录下，用记事本打开 hosts 文件，将下面两行信息追加到 hosts 文件末尾，保存即可。如果计算机是 Windows 8 系统，则可能没有权限修改 hosts 文件，此时可以右击 hosts 文件，将 Users 组设置为可对 hosts 文件完全控制的权限即可。

　　　　203.208.46.146 dl.google.com

　　　　203.208.46.146 dl-ssl.google.com

　　上面两行信息放在 hosts 文件的意思是将本地访问 dl.google.com 和 dl-ssl.google.com 定向到 IP 地址为 203.208.46.146 的服务器上，如图 1-18 所示。

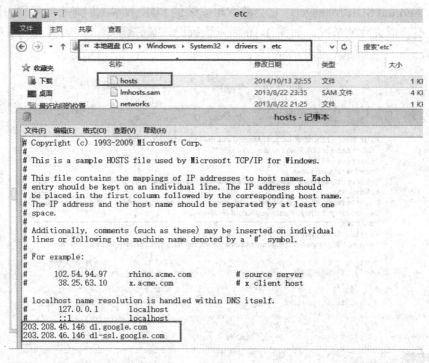

图 1-18　修改 hosts 文件

(2) 将 Android SDK Manage 上的 https 请求改成 http 请求。

打开 Android SDK Manager，在 Tools 下的 Options 里有一个"Force https://...sources to be fetched using http://..." 选项，勾选这一选项，如图 1-19 所示。

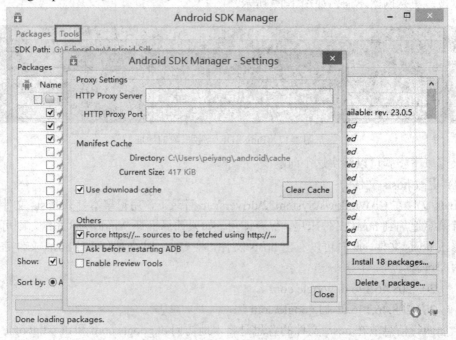

图 1-19　修改 Android SDK Manage 上的 https 请求

再打开 Android SDK Manager.exe,正常情况下就可以下载 Android 各个版本的 SDK 了,只需要选择想要安装或更新的安装包安装即可。这是比较耗时的过程,还会出现下载失败的情况,失败的安装包只需要重新选择后再安装就可以了,如图 1-20 所示。

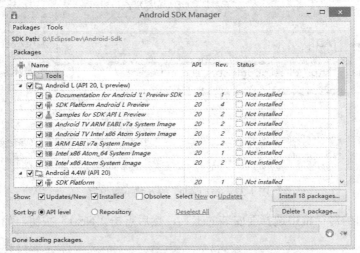

图 1-20　在 Android SDK Manage 上选择安装包

如果通过更改 DNS 也无法下载 Android SDK,则可以使用这两个方法,一个是翻"墙"下载,另一个是从网站 http://www.androiddevtools.cn/上下载。

1.6　安装 ADT 插件

配置好 Java 的开发环境,安装了开发 Android 的 IDE,下载安装了 Android SDK,还需要将 Eclipse 和 Android SDK 进行关联,否则它们现在是互相独立的,就好比枪和子弹是分开的。为了使得 Android 应用的创建、运行和调试更加方便快捷,Android 的开发团队专门针对 Eclipse IDE 定制了一个插件:Android Development Tools(ADT)。

下面是在线安装 ADT 的步骤:

(1) 启动 Eclipse,点击"Help 菜单"→"Install New Software…?",在弹出的对话框中点击"Add…"按钮,如图 1-21 所示。

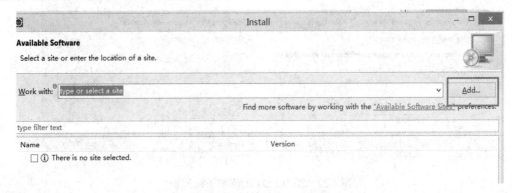

图 1-21　为 Eclipse 安装 ADT 插件

(2) 在弹出的对话框中的"Location"中输入"http://dl-ssl.google.com/android/eclipse/"，"Name"中输入"ADT"，然后点击"OK"按钮，如图 1-22 所示。

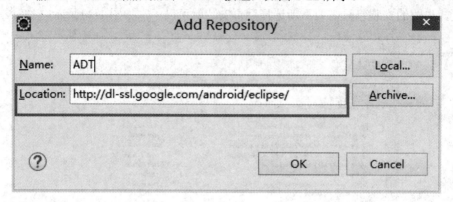

图 1-22　添加 ADT 的安装下载位置

(3) 在弹出的对话框中选择要安装的工具，然后点击"Next"按钮，如图 1-23 所示。

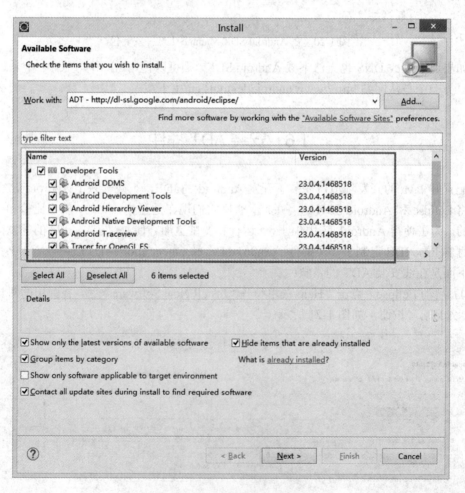

图 1-23　添加 ADT 的安装下载位置

安装好后会要求重启 Eclipse，Eclipse 会根据目录的位置智能地和它相同目录下的 Android SDK 进行关联。如果还没有通过 SDK Manager 工具安装 Android 任何版本的 SDK，系统则会提醒安装它们，如图 1-24 所示。

图 1-24　提示安装 SDK Platform Tools

如果 Eclipse 没有自动关联 Android SDK 的安装目录，那么可以在打开的 Eclipse 中选择 "Window" → "Preferences"，在弹出的面板中就会看到 Android 设置项，填上安装的 SDK 路径，则会出现刚才在 SDK 中安装的各平台包，按 "OK" 按钮即可完成配置，如图 1-25 所示。

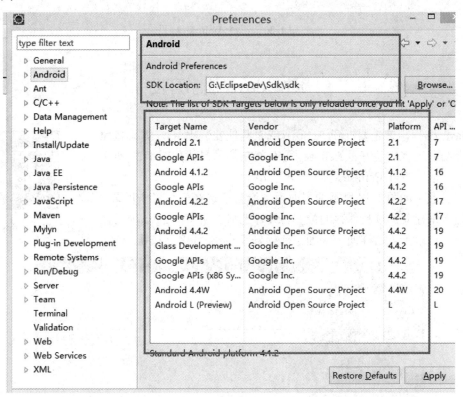

图 1-25　从 Eclipse 关联 Android SDK

到这里，Windows 操作系统上的 Android 开发环境就搭建完成了。此时若打开 Eclipse 的 "File" → "New" → "Project..."，新建一个项目，就会看到建立 Android 项目的选项，这就表示安装成功了，如图 1-26 所示。

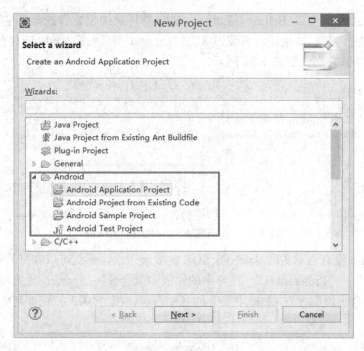

图 1-26　新建 Android 项目

1.7　Java 程序开发

　　Java 编程，首先要打开 Eclipse(或者其他安装平台)。如果按照前面介绍的过程安装好了 Eclipse，那么就在桌面寻找如图 1-27 所示的图标，双击打开 Eclipse。

图 1-27　Eclipse 图标

　　在出现了如图 1-28 所示的界面后，给自己选择一个工作目录，这就是将来建立的项目保存的位置。最好把自己所有的 Java 项目保存在一个目录下，这样便于管理。选择好了点击"OK"按钮。

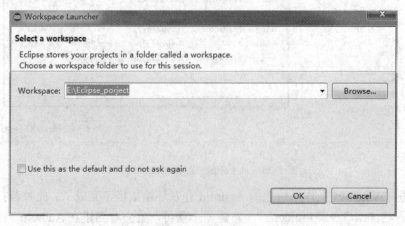

图 1-28　选择工作目录

在正式平台界面出来之前，会出现如图 1-29 所示的 Eclipse 平台打开过程界面。

图 1-29　Eclipse 平台打开过程

打开结束后，最终会出现如图 1-30 所示的界面，就是 Eclipse 平台界面，也就是 Java 的图形用户界面(Graphical User Interface，GUI，又称图形用户接口)。这个界面的内容比较丰富，下面一一介绍。

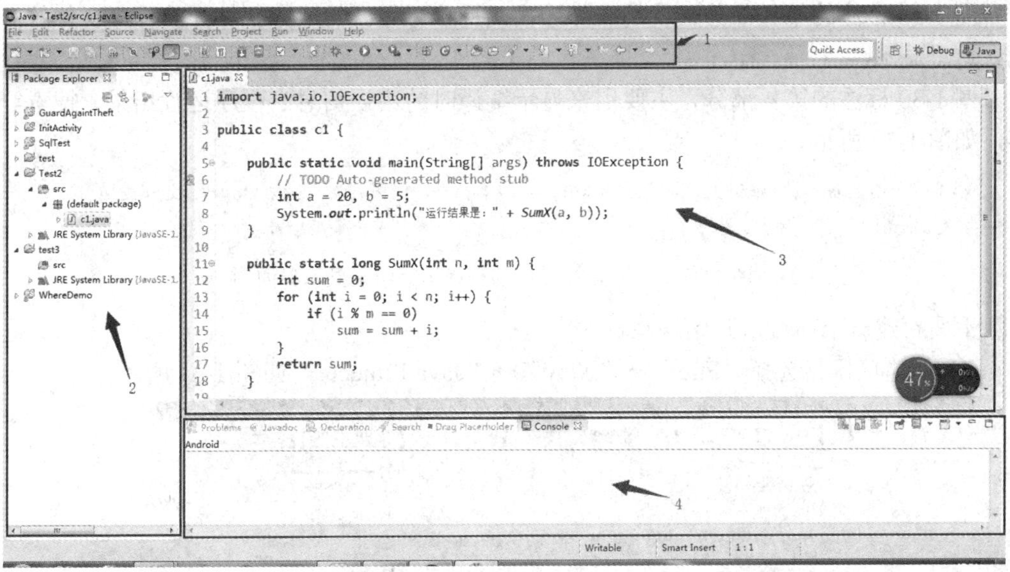

图 1-30　Eclipse 平台

图 1-30 标注的第 1 部分，即从 File 开始的第一行是菜单，接着下面一行是工具栏。工具栏一般都有对应的菜单项，主要列出了经常使用的菜单项目，如图 1-31 所示。随着学习的逐步深入，我们会一个一个介绍。

图 1-31　Eclipse 平台中的菜单

图 1-30 标注的第 2 部分，称为 Package Explorer，实际上就是建立的项目或者包，每个项目名称是一级目录，下面又包含了一层一层的目录或者文件，如 SqlTest、Test2、test3 等都是项目或者包名称，如图 1-32 所示。

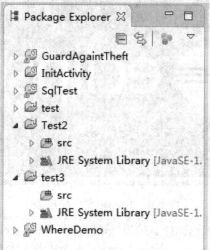

图 1-32　Eclipse 平台中的项目

图 1-30 标注的第 3 部分，就是工作界面，是编写程序的地方。打开的程序文件的内容就在这里显示。

图 1-30 标注的第 4 部分，主要用来显示编译时的错误信息、程序运行结果、搜索等内容，如图 1-33 所示。

图 1-33　Eclipse 平台中的编译运行结果显示界面

下面新建一个项目，开始编写程序。

(1) 新建项目。选择"File"→"New"→"Java Project"，如图 1-34 所示。

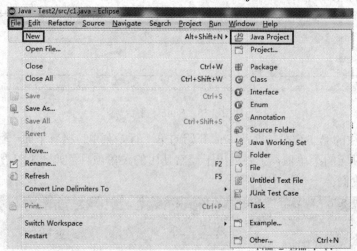

图 1-34　新建 Java 项目

　　(2) 输入新建项目的名称。在"Project name"中输入工程名称，如 Java_Project1，如图 1-35 所示，其他保持默认，点击"Next"按钮。Java 项目的命名规则是：数字、字母、下划线的组合，不能以数字开始，不能是 Java 关键字。至于详细的命名规则及什么是关键字，我们后边再详细介绍。

　　(3) 保持图 1-36 中所示的全部默认值，点击"Finish"按钮。

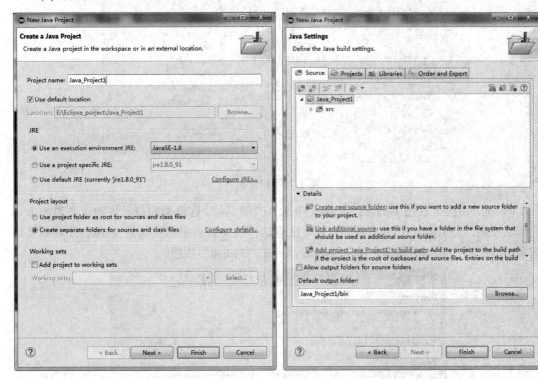

图 1-35　输入项目名称　　　　　　　　　　图 1-36　Java 项目设置

　　(4) 生成项目。以上操作完成后，就可以在项目管理界面看到新生成的项目 Java_Project1 了，如图 1-37 所示。

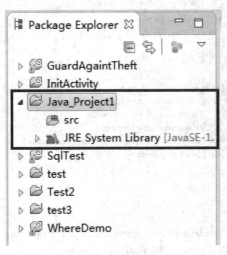

图 1-37　新生成的 Java 项目

(5) 新建类。在生成的项目中选择 src，右键选择"New"→"Class"，如图 1-38 所示。

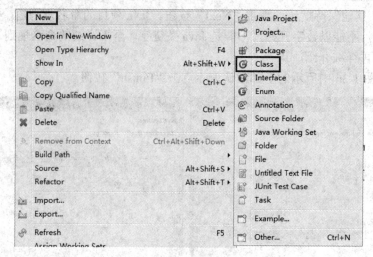

图 1-38　新建类

(6) 输入类名。在图 1-39 的"Name"中输入类的名称。这里类的命名规则也要遵循 Java 的命名规则，与上面(2)介绍的规则一样。注意这里的文件后缀名默认是 .class，读者不要画蛇添足地去增加其他后缀名。输入类名后，点击"Finish"按钮。

图 1-39　输入类名

(7) 类建立完成后，会在项目管理区出现如图 1-40 所示的文件，注意文件扩展名是 .java。

图 1-40　新建的类

此时，在程序工作区出现下面的类代码(注意，这里的类名必须要与刚生成的类名一致，即 Class_1 不能改动)：

```
public class Class_1 {

}
```

(8) 运行类程序。为了运行程序，我们修改类代码如下，具体含义后面再详细介绍。

```
public class Class_1 {
    public static void main(String args[])
    {
        System.out.println("Java 欢迎你！");
    }
}
```

点击工具栏上的 ▶ 图标，运行类程序。注意，如果把鼠标放在这个图标上 2 秒钟，则会出现提示 Run Class_1 的字样，表示运行这个类。运行类程序后，会出现如图 1-41 所示的保存和启动界面，点击"OK"按钮。

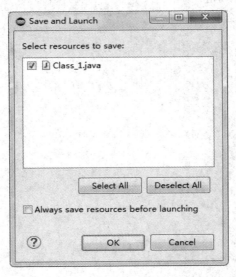

图 1-41　保存和启动

这时，我们发现在编译运行区出现了以下内容：

　　Java 欢迎你！

至此，我们的项目就建立成功了，类代码编写也正确。后面将开始正规学习编写 Java 程序。

提示：

(1) 生成源文件(如类文件)时，文件后缀名必须是 .java，不能是其他文件后缀名。

(2) 一个 Java 源文件只定义一个类，不同的类使用不同的源文件。

(3) 将每个源文件中单独定义的类都定义成 public。

(4) 保持 Java 源文件的主文件名与该源文件中定义的 public 类名相同。

(5) Java 语言是大小写敏感的，也就是说，Java 语言是区分大小写的。

(6) 运行 Java 程序，必须增加下列代码：

```
public static void main(String args[])
    {
        //编写的程序
    }
```

思考和练习

1．Java 语言的特点是什么？

2．熟悉 Java 系统的下载安装过程，能熟练进行 JDK 的安装和环境变量配置。

3．熟悉 Eclipse 系统的下载安装过程，能熟练进行 SDK 的安装、ADT 插件的安装和配置。

4．如何在 Eclipse 中新建一个项目？如何在新建立的项目中添加类？让新建立的项目程序运行出结果"Hello World！"。

第 2 章　Java 语言基础

Java 语言是在 C 语言基础上发展起来的，与 C 语言的语法有很多相似的地方，不过 Java 也有其自身的特点。

2.1　Java 程序结构

2.1.1　Java 程序结构

Java 程序一般包括下列组成部分：

(1) package 语句：Java 程序的第一个语句。最多只有一行。

(2) import 语句：Java 可以有 0 个或者多个 import 语句，位于类定义前。

(3) 类定义：定义 1 个或者多个类。

(4) 接口声明：定义 0 个或者多个接口。

例如：

```
package Package_1;
import java.util.*;
public class Class_1 {
    public static void main(String args[])
    {
        String str1="欢迎大家学习 Java 编程！";
        System.out.println(str1);
    }
}
```

2.1.2　Java 程序注释

(1) 单行注释：用//表示单行注释，表示本行后边的内容是注释。例如：

```
sum=sum+1; //这里是累加
```

提示：光标放在注释行，按住 Ctrl+/键可以快捷地添加单行注释或者取消单行注释。

(2) 多行注释：用/*……*/表示一行或者多行注释。例如：

```
/*
* Java 课程学习
```

测试程序1
```
*/
```

提示：光标选择需要注释的多行文字，右键选择"Source"→"Add Block Comment"快捷地添加多行注释，选择"Source"→"Remove Block Comment"取消多行注释，如图2-1所示。

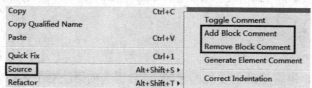

图 2-1　添加或者取消多行注释

(3) 文档注释：用/**……**/表示文档注释。例如：
```
/**
 * @author Administrator
 *
 */
```

提示：光标放到需要注释的文档中，右键选择"Source"→"Generate Element Comment"快捷地添加文档注释，如图2-2所示。

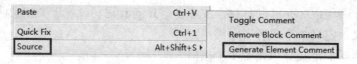

图 2-2　文档注释

2.1.3　Java 程序关键字

Java 的关键字是指 Java 系统使用的字符序列，在 Java 中具有特定含义，不能作为其他名称的定义用。就如现实生活中，"西安市""大学""西红柿""钢笔""110"这些词汇是专用的，我们不能把自己的名字或者电话起成这些名称，以防止引起混乱。程序系统也一样，自己定义的程序变量等名称不能使用系统使用过的关键字。Java 的关键字如表2-1所示。

表 2-1　Java 关键字

abstract	continue	for	new	strictfp	try
boolean	default	goto	null	super	value
break	do	if	package	switch	void
by	double	implement	private	synchronized	volatile
byte	else	import	protected	this	while
case	extends	instanceof	public	thread	assert
catch	false	int	return	throw	
char	final	interface	safe	throws	
class	finally	long	short	transient	
const	float	native	static	true	

2.1.4　Java 标识符

标识符就是标识包名称、类名称、接口名称、变量名称、方法名称和文件名称等的有效字符序列。Java 的标识符是由字母、数字和下划线组成的，并且第一个字符不能是数字。因为在计算机系统中，0a 表示十六进制数字，如果以数字开始后跟字母的标识符，系统就不能辨别是数字还是标识符。所以，Java 和 C 语言一样，标识符第一个字符不能是数字。另外，在标识符命名的过程中，还有一些默认的规则。这就好比中国人的姓名一般都是姓再加一个或者两个汉字组成的名称一样。

因为编写的程序别人要阅读，或者等编写完程序较长时间后自己也要阅读，所以标识符一般都是有含义的字符序列，这样看到标识符后就能够知道它原来的含义了。当然这里的标识符是英语的字符序列。

(1) 包名称：包名称一般采取小写字母，中间用点号隔开。例如，com.antitheft.entity。

(2) 类名称：类名称一般首字母大写，一般是多个单词的组合。例如，MobileUser。

(3) 接口名称：接口名称的命名规则与类名称相同。

(4) 方法名称：方法名称一般是多个单词的组合，第一个单词的首字母一般小写，其他每个单词的首字母大写。例如，setNo。

(5) 变量名称：变量名称一般为全小写的单词。例如，height、width。

(6) 常量名称：常量名称一般为全大写，单词之间用下划线隔开。例如，MAX_WIDTH。

(7) 一般变量名称和方法名称不以下划线开始，以下划线开始的变量名称对系统来说有特殊含义。

2.2　常量和变量

量是传递数据的介质，Java 中的量可以分为常量和变量。

2.2.1　常量

永远不变的量就称为常量。例如：

```
final double PI=3.1415926;
```

2.2.2　变量

程序中占绝大部分的量是变量。无论在什么计算机程序中，都会涉及到变量。变量分局部变量和全局变量。

(1) 局部变量：顾名思义，局部变量的作用范围在局部。这个局部就是一个方法内或者一个函数内，甚至是方法内的某一部分。超过这个范围，变量就失去了作用。例如：

```
public class Class_1 {
    public static void main(String args[]) {
        int sum = 0;
```

```
        int n = 100;
        for (int i = 0; i < n; i++)
        {
            int m = 2;
            if (i % m == 0)
            {
                sum = sum + i;
            }
        }
        System.out.println(sum);
    }
}
```

在上面这段程序中，sum、n、m 这些变量都是局部变量。但是，sum 和 n 的作用范围是整个 main 函数，而 m 的作用范围是 for 循环内。

(2) 全局变量：对应着局部变量，全局变量的作用范围就是全局，就是整个程序内。例如：

```
public class Class_1 {
    static int p=100;
    public static void main(String args[]) {
        int a = 5;
        p=(int) (p+ SumX(p, a));
        System.out.println("运行结果是： " + p);
    }
    public static long SumX(int n, int m) {
        int sum = 0;
        for (int i = 0; i < n; i++) {
            if (i % m == 0)
                sum = sum + i;
        }
        return sum;
    }
}
```

在上面的程序中，变量 p 就是全局变量。

2.3 数 据 类 型

Java 中的数据类型分为基本数据类型和复合数据类型两大类。基本数据类型是 Java 的基础类型，包括整数类型、浮点类型、字符类型和布尔类型。复合数据类型由基本数据类型组成，是用户根据自己的需要定义并实现其运算的类型，包括类、接口、数组等。

习惯上，将八种基本数据类型分为以下四大类：

- 整数类型：int、byte、short 和 long。
- 实数类型：double 和 float。
- 字符类型：char。
- 逻辑类型：boolean。

2.3.1　整数类型

整数类型是 Java 中经常使用的类型，它是 32 位有符号的整数数据类型，范围是 $-2^{31}\sim$ $2^{31}-1$。默认类型是 int 型。

1．整数常量

整数常量的数值可以是：

(1) 十进制整数：例如 23，–52，0，127 等。

(2) 八进制整数：必须以 0 开头。例如 012，056，0234，–012 等。

(3) 十六进制整数：必须以 0x 或者 0X 开头。例如 0x1234，0x5A3B。

2．整数变量

整数变量包括以下四种：

(1) byte：1 个字节长度。例如，byte a=2。

(2) short：2 个字节长度。例如，short a=2。

(3) int：4 个字节长度。例如，int a=2。

(4) long：8 个字节长度。例如，long a=2。long 型数据数据过大时，数据后边必须要加 L。

2.3.2　实数类型

实数类型包括 double 和 float。实数默认类型是 double 型，float 型在数值之后加 f 或者 F。

1．实数常量

实数常量通常有两种表现形式。

(1) 十进制数：由数字和小数点组成。如 0.23，12.35，78.652 等。

(2) 科学计数法：如 23e–5、12E7，其中 e 或者 E 之前必须要有数字，并且 e 或者 E 后面的指数必须是整数。将其按照中学数学表示为 $23e-5=23\times10^{-5}$、$12E7=12\times10^{7}$。

2．实数变量

例如：

```
float a=26.58;
double b=21.065;
```

2.3.3　字符类型

1．字符常量

Unicode 字符表中的一个字符就是字符常量，例如'A'、'a'、')'、'7'，注意这里一定是单引号。一个汉字等字符也是一个字符常量。Java 还使用转义字符，也就是将字符的表面含义转变成了其他含义，如表 2-2 所示。

表 2-2 常用的转义字符

转义字符	Unicode 字符	含义
\b	\u008	退格
\t	\u009	Tab 键
\n	\u00a	换行
\f	\u00c	换页
\r	\u00d	回车
\"	\u0022	双引号
\'	\u0027	单引号
\\	\u005c	反斜线

2．字符变量

字符变量使用 char 定义。例如：

```
char c='b';
```

注意：char 类型的变量，内存分配给两个字节，占 16 位，其取值范围是 0～65 535。char 类型变量为 Unicode 字符表中的一个字符。一个 Unicode 字符也占两个字节。要观察一个字符在 Unicode 字符表中的顺序，必须使用 int 类型显示转换，不能使用 short 类型转换，因为 char 类型的最高位不是符号位。同理，如果要得到一个 0～65 535 之间的数值所对应的 Unicode 字符，也必须使用 char 类型显示转换。例如：

```
char c=98;//等同于 char c='b'
```

因为'b'在 Unicode 表中的排序位置是 98。

3．逻辑常量

逻辑常量为 true 和 false。

4．逻辑变量

例如：

```
boolean m=false;
```

2.4　基本数据类型转换

数据类型转换是一种数据类型转换成另外一种数据类型。Java 是一种强类型语言，这点类似于 C++，而不是 C 语言。数据类型的转换分为显式类型转换和隐式类型转换。显式类型转换方式下，必须在程序中强制执行转换；隐式类型转换方式下，编译系统在编译时自动进行类型转换。例如：

```
int a=101;
char m;
m=(char)a;        //显式转换：将 int 变量 a 强制转换成 char 变量 m
```

般低精度的变量可以隐式地转换成高精度的变量。例如：

```
int a=102;
float m;
m=a;   //隐式转换：将 int 变量 a 隐式转换成 float 变量 m
```

一般高精度的变量需要转换成低精度的变量时，必须使用显式类型转换，这时可能还会有数据精度的损失。例如：

```
int a=(int)34.23;
```

char 与 byte 或 short 之间的赋值必须实行强制类型转换。例如：

```
byte m=15;
short n=23;
char c1='x',c2='h';
c1=(char)m;
m=(byte)c2;
n=(short)c1;
```

2.5　运算符和表达式

一般程序设计语言都会涉及运算符和表达式，包括算术运算符和表达式、关系运算符和表达式、逻辑运算符和表达式、赋值运算符和表达式、位运算符和表达式以及条件运算符，下面将一一介绍。

2.5.1　算术运算符和表达式

Java 算数运算符包括一元运算符和二元运算符。

一元运算符包括：

(1) ++a：先做 a=a+1 运算，再取 a 的值。

(2) --a：先做 a=a-1 运算，再取 a 的值。

(3) a++：先取 a 的值，再做 a=a+1 运算。

(4) a--：先取 a 的值，再做 a=a-1 运算。

这里有一个记忆的方法：谁在前，先干什么。例如，++a，那么就是先运算 a=a+1，再取 a 的值；a++，就是先取 a 的值，再做 a=a+1 运算。例如：

```
int d=4;
int e=5;
int f=6;
int g=7;
int u=d++;        //u=4,d=5
int v=e--;        //v=5,e=4
int w=++f;        //w=7,f=7
int x=--g;        //x=6,g=6
```

二元运算符包括：+、-、*、/、%，即加、减、乘、除、求余(取模)。在 Java 中乘号是 *，而不是数学里的 × 号，因为这与字母 x 看上去很相似。

求余%不但可以对整数类型进行运算，还可以对浮点类型数据进行运算。例如：

```
int h=26,j=5;
int p=h % j;        //p 的值是 1
float b=(float) 12.7;
float c=(float) 2.3;
float d=b%c;        //d 的值是 1.2
```

算数表达式就是用算数运算符将变量和数据连接起来的符合 Java 语法规则的式子。例如：

```
int d=4;
int e=5;
int f=6;
int g=7;
int h=d*((e+f)/(g-e));
```

算数表达式计算时，可能会出现多种数据类型混合的运算。这时，不同类型的数据首先要先转换成同一种类型，然后才能开始计算。转换从低级到高级，也就是说一个表达式中精度最高的变量(操作元)的数据类型决定了表达式最终结果的数据类型。例如：

```
int d=4;
float c=(float) 2.36;
float b=c+d;    //结果是 float 类型
```

那么，变量的精度又是谁的最高，谁的最低呢？精度高底是按照以下从低级到高级排序的：

```
byte → short → int → long → float → double
```

2.5.2　关系运算符和表达式

关系运算符是比较两个量的大小关系。关系运算符的结果是 boolean 类型的数据。若比较的关系成立，结果就是 true；不成立，结果就是 false。关系运算符有下面六种：

(1) >　大于；
(2) >=　大于等于；
(3) <　小于；
(4) <=　小于等于；
(5) ==　等于；
(6) !=　不等于。

例如：

```
int sum = 0;
int m = 2;
for (int i = 0; i <100; i++)
```

```
        {
         if (i % m == 0)
             sum = sum + i;
        }
```

2.5.3　逻辑运算符和表达式

逻辑运算符是实现真假的逻辑运算，基本的逻辑运算有"与""或""非"，用 Java 的符号表示就是&&、||、!，运算结果是 boolean 类型数据。

"与"逻辑运算是运算符&&两边的操作数都为真时结果为真(true)，否则结果为假(false)。

"或"逻辑运算是运算符||两边的操作数至少一个为真时结果为真(true)，两个操作数都为假时结果才为假(false)。

"非"逻辑运算是单目运算符，就是给后边的操作数取反，即操作数为真，结果就为假；操作数为假，结果就为真。例如：

```
        int sum = 0;
        boolean t=true;
        while(t)
             sum = sum + 2;
```

2.5.4　赋值运算符和表达式

赋值运算符就是"="，它是双目运算符。它的含义是将右边的常量、变量或者表达式的值赋值给左边的变量。如果左右两边的数据类型不一致，右边的数据类型级别高，则需要进行强制类型转换。例如：

```
        float m=(float) 23.56;
        int k=(int) m;
```

复合赋值运算符是在赋值运算符之前加上其他运算符的运算符。常见的复合赋值运算符有：

(1) +=：例如，m+=3，相当于 m=m+3。

(2) -=：例如，m-=3，相当于 m=m-3。

(3) *=：例如，m*=3，相当于 m=m*3。

(4) /=：例如，m/=3，相当于 m=m/3。

(5) %=：例如，m%=3，相当于 m=m%3。

2.5.5　位运算符和表达式

位运算符包括：

(1) &(位与)：二元运算符，逻辑与，&两边的操作数都为 1(true)，则该位的结果为 1(true)，否则为 0(false)。

(2) |(位或)：二元运算符，逻辑或，|两边的操作数有一个为 1(true)，则该位的结果为

1(true)，只有两边的操作数都为 0 时，该位的结果才为 0(false)。

(3) ~(位非)：一元运算符，对数据的每个二进制位按位取反，1 变 0，0 变 1。

(4) ^(位异或)：二元运算符，逻辑异或，^两边的操作数互为相反，则该位的结果为 1(true)，否则为 0(false)。

(5) <<(左移)：二元运算符，<<左边的操作数(被移位数)往左移动，移动的位数是<<右边操作数(移位量)的值。每左移一位，其左边的操作数相当于乘以 2。操作元必须是整形数据。

(6) >>(右移)：二元运算符，>>左边的操作数(被移位数)往右移动，移动的位数是>>右边操作数(移位量)的值。每右移一位，其左边的操作数相当于除以 2。操作元必须是整形数据。

(7) >>>(逻辑右移)：二元运算符，>>>左边的操作数(被移位数)往右移动，移动的位数是>>>右边操作数(移位量)的值。操作元必须是整形数据。正整数运算与>>(右移)作用相同，负整数则求该数的反码，但符号位不变。

例如，二进制

　　1011　0101

如果原数左移 2 位，则高位移出，低位补 0 为

　　1101 0100

如果原数右移 2 位，则低位移出，高位补 0 为

　　0010 1101

位运算比较复杂，一般用于针对底层的硬件编程。

2.5.6　条件运算符

条件运算符是一个 3 目运算符，具体的运算符是"? :"。

用法如下：

　　操作数 1? 操作数 2:操作数 3

操作数 1 必须是 boolean 型数据，操作数 2 和操作数 3 必须同类型。

含义是：操作数 1 的值为 true 时，整个条件表达式的结果是操作数 2；如果操作数 1 的值为 false 时，整个条件表达式的结果是操作数 3。例如：

```
int p=7;
int q=(p>=0?6:8);   //q 的值是 6
```

2.5.7　运算符的优先级

前面提到过运算符的优先级，因为那时还没介绍完运算符，现在我们来总结一下运算符的优先级。

在 Java 中，除了单目运算符(如++、--、!、~等)、赋值运算符(=)和 3 目运算符(?:)在同等优先级是从右向左结合运算外，大部分运算符是从左向右结合运算的。加法和乘法运算是可以交换的运算。

运算符的运算是有优先级的，也就是说，是有运算顺序的，即谁先运算，谁后运算的

问题。比如在中小学数学课程中规定：先算乘除，后算加减，有括号的先算括号内的运算。Java 也一样，系统也规定了运算的先后顺序，这个顺序就是运算的优先级。比如说，Java 规定了：先算乘除，后算加减，有括号的先算括号内的运算。如表 2-3 所示是 Java 运算符的优先级。

表 2-3　Java 运算符的优先级

项　目	Java 运算符	优先级
分隔符	.　[]　{}　,　;	高
单目运算符	++　--　!　~	
强制类型转换运算符	(type)	
乘法/除法/求余	*　/　%	
加法/减法	+　-	
移位运算符	<<>>>>	
关系运算符	<<=　>>=　instanceof	
等价运算符	==　!=	
按位与	&	
按位异或	^	
按位或	|	
条件与	&&	
条件或	||	
三目运算符	? :	
赋值运算符	=　+=　-=　*=　/=　^=　%=　<<=　>>=　>>>=	低

在运算符的优先级方面，程序员有一条很重要的规则：为了避免去记忆谁的优先级高、谁的优先级低这些繁琐的计算级别，也便于编程和理解，一般将首先要计算的表达式放在括号内，并且可以括号嵌套括号，这样层层嵌套，就可以完成自己要表达的计算了。

2.6　字　符　串

字符串是由 0 个或者多个字符组成的有限序列，是编程语言中表示文本的数据类型。

2.6.1　字符串的初始化

Java 中使用 new 关键字来初始化字符串，并把它赋给变量，但是用 new 关键字初始化出来的字符串目前是空字符串。例如：

```
String str1=new String();
```

接下来给这个字符串变量赋值：

```
str1="Hello,Java!";
```

可以二者合一：

```
String str1=new String("Hello,Java!" );
```

还可以：

```
String str1= "Hello,Java!" ;
```
注意：字符串的值是双引号。

2.6.2 Sting 类

从 2.6.1 节可以看出，定义字符串是用 String 类定义的。String 类中还提供了许多有用的方法供编程人员使用。

1. 字符串索引

字符串索引是返回 String 类型字符串指定索引位置的字符。

注意：字符串中的索引号是从 0 开始的。该方法的原型如下：

```
public char charAt(int index);
```

例如：

```java
public class Class_1 {
    public static void main(String args[]) {
        String str1="Javajiaocheng";
        System.out.println(str1.charAt(4));
    }
}
```

程序运行结果：

```
j
```

2. 连接字符串

连接字符串是将两个字符串连接在一起，得到一个新的字符串。该方法的原型如下：

```
public String concat(String S);
```

例如：

```java
public class Class_1 {
    public static void main(String args[]) {
        String str1=new String();
        str1="Javajiaocheng";
        String str2="_2018";
        String str3=str1.concat(str2);
        System.out.println(str3);
    }
}
```

程序运行结果：

```
Javajiaocheng_2018
```

3. 比较字符串

比较字符串是判断两个字符串是否相同，相同返回 true，不相同返回 false。该方法的原型如下：

```
    public String equals (String S);
```

例如：

```
    public class Class_1 {
        public static void main(String args[]) {
            String str1=new String();
            str1="Java";
            String str2="JAVA";
            System.out.println(str1.equals (str2));
            System.out.println(str1.equalsIgnoreCase (str2));
        }
    }
```

程序运行结果：

```
    false
    true
```

4．获得字符串长度

获得字符串长度即得到字符串的整个字符长度个数。该方法的原型如下：

```
    public int length();
```

例如：

```
    public class Class_1 {
        public static void main(String args[]) {
            String str1=new String();
            str1="Javajiaocheng";
            String str2="_2018";
            System.out.println(str1.length());
            System.out.println(str2.length());
        }
    }
```

程序运行结果：

```
    13
    5
```

5．替换字符串

替换字符串就是使用一个字符(串)替换原来字符串中某个字符(串)。

字符替换的方法原型是：

```
    public String replace (char old, char new);
```

或者：

```
    public String replace (String old, String new);
```

例如：

```
    public class Class_1 {
```

```
    public static void main(String args[]) {
        String str1=new String();
        str1="Javajiaocheng";
        System.out.println(str1.replace('a', 'b'));
        System.out.println(str1.replaceAll("jiao", "xue"));
    }
}
```

程序运行结果：

    Jbvbjibocheng

    Javaxuecheng

6. 截取字符串

有时候我们希望截取一个字符串中的一段字符串，使用的方法原型是：

第一种方法：

    public String substring(int begin);

第二种方法：

    public String substring(int begin, int end);

例如：

```
public class Class_1 {
    public static void main(String args[]) {
        String str1=new String();
        str1="Javajiaocheng";
        System.out.println(str1.subtring(4));
        System.out.println(str1.substring(4,8));
    }
}
```

程序运行结果：

    jiaocheng

    jiao

7. 字符串大小写互换

有时候我们希望把字符串中的字母转换成大写，有时候又希望转换成小写，使用的方法原型是：

将小写字母转换成大写字母：

    public String toLowerCase();

将大写字母转换成小写字母：

    public String toUpperCase);

例如：

```
public class Class_1 {
    public static void main(String args[]) {
```

```
        String str1=new String();
        str1="JavaJiaoCheng";
        System.out.println(str1.toLowerCase());
        System.out.println(str1.toUpperCase());
    }
}
```

程序运行结果：

```
javajiaocheng
JAVAJIAOCHENG
```

8．消除字符串前后的空格字符

有时候我们希望把字符串前后的空格字符消除掉。例如，用户输入时，可能不小心在字符串的前后输入了不必要的空格，而这些空格输入后一般是看不出来的，为了消除这些空格，使用的方法原型是：

```
public String trim();
```

例如：

```
public class Class_1 {
    public static void main(String args[]) {
        String str1=new String();
        str1=" Java Jiao Cheng ";
        System.out.println(str1.trim());
    }
}
```

程序运行结果：

```
Java Jiao Cheng
```

此时前后已经没有了空格。

2.6.3　StringBuffer 类

StringBuffer 类是 Java 中另外一种操作字符串的类。当需要对字符串进行大量修改时，使用 StringBuffer 类是比较好的选择。StringBuffer 类的常用方法有以下几种。

1．追加字符

追加字符使用的方法原型是：

```
public synchronized StringBufferappend(boolean b);
```

例如：

```
public class Class_1 {
    public static void main(String args[]) {
        StringBuffer str1=new StringBuffer("Java JiaoCheng ");
        str1.append("2018");
        System.out.println(str1);
```

```
        }
    }
```

程序运行结果：

Java JiaoCheng 2018

2．插入字符

在原字符串中的某个位置开始插入一个字符串，形成新的字符串。其使用的方法原型是：

```
public synchronized StringBuffer insert(int offset, String s);
```

第一个参数表示要插入的位置，第二个参数表示要插入的内容。

例如：

```
public class Class_1 {
    public static void main(String args[]) {
        StringBuffer str1=new StringBuffer("Java JiaoCheng ");
        str1.insert(5, "2018 ");
        System.out.println(str1);
    }
}
```

程序运行结果：

Java 2018 JiaoCheng

3．颠倒字符

颠倒字符是将原来字符串首位进行颠倒。其使用的方法原型是：

```
public synchronized StringBuffer reverse();
```

例如：

```
public class Class_1 {
    public static void main(String args[]) {
        StringBuffer str1=new StringBuffer("Java JiaoCheng");
        str1.reverse();
        System.out.println(str1);
    }
}
```

程序运行结果：

gnehCoaiJ avaJ

思考和练习

1．简述 Java 程序的间架结构。
2．Java 中添加注释有哪几种方式？
3．如何整理 Java 程序？

4．Java 程序中的关键字有哪些？

5．什么是 Java 的标识符？Java 的标识符由哪些元素组成？

6．什么是 Java 的常量和变量，如何定义？

7．Java 中的局部变量和全局变量有何区别？

8．Java 中有哪些数据类型？

9．Java 中的转义字符有哪些？每个的含义是什么？

10．Java 中数据转换是什么？显式转换和隐式转换的区别是什么？

11．Java 中的运算符有哪些？

12．用 Java 语言书写出 $x = \dfrac{-b \pm \sqrt{b^2 - 4ac}}{2a}$ 的算术表达式。

13．用 Java 语言书写出 $A = \pi r^2$ 的算术表达式。

14．Java 中的关系运算符有哪些？

15．用 Java 语言书写出 m>−6 并且 m≤10 且 m≠0 的关系表达式。

16．用 Java 语言书写出 m≥3 或者 m≤−3 的关系表达式。

17．Java 中的赋值运算符用什么表示？如何给 k 赋值 23.56？

18．如果 a=5，b=3，那么(a+=12)+(b*=2)的值是多少？

19．10110110 和 01001011 两个数相"位与"后的结果是多少？

20．10010011 和 01001011 两个数相"位或"后的结果是多少？

21．数字 10110110"取反"后的结果是多少？

22．如果原数"左移"时，高位移出，低位补 0，那么数字 10110110"左移"3 后的十进制数字结果是多少？

23．如果原数"右移"时，低位移出，高位补 0，那么数字 10110110"右移"4 后的十进制数字结果是多少？

24．用条件运算符"？："写出关系式"如果 m≥10，则 n=+2；否则 n=−2"的表达式。

25．运算符的优先级是什么意思？为了记忆和编程方便，使用什么方式解决运算符的优先级问题？

26．字符串的概念是什么？编写程序语句，定义字符串"I like to program in Java！"。

27．编写一个简单的程序，用 Sting 类定义一个字符串"I like to program in Java！"，并且要求程序运行后原样输出。

28．编写一段程序，将两个任意给出的字符串进行连接和比较。

29．编写程序，将字符串"I like to program in Java！"中的"I"替换为"We"。

30．编写程序，将字符串"I like to program in Java！"中的字符全部转换成大写，或者小写，并分别输出。

31．使用 StringBuffer 类定义一个任意的字符串，完成在原有字符串中追加字符串、插入字符串，或者颠倒原有字符串顺序的练习。

第 3 章　条　件　语　句

Java 语言中有多个条件语句，它是程序的三大结构之一(另外两种是顺序结构、循环结构)。通过条件语句，可以判断不同条件的执行结果。下面进行详细介绍。

3.1　if　语　句

3.1.1　if 语句

最简单的 if 语句的语法格式如下：

　　if (条件表达式)

　　　　其他语句

也就是说，如果条件成立，执行其他语句；如果条件不成立，不执行其他语句。

例如：

```java
import java.io.IOException;
public class Class_1 {
    public static void main(String args[]) {
        try {
            System.out.print("请输入一个季度数字(1，2，3，4):");
            char i = (char) System.in.read();
            if (i == '1' || i == '2' || i == '3' || i == '4')
                System.out.println("你输入的季节是:第" + i + "季度");
        } catch (IOException e) {
            e.printStackTrace();
        }
    }
}
```

程序运行结果：

　　请输入一个季度数字(1，2，3，4):1

　　你输入的季节是:第 1 季度

3.1.2　if 语句的延伸

延伸的 if 语句的语法格式如下：

```
if (条件表达式)
    其他语句 1
else
    其他语句 2
```

例如：

```
import java.io.IOException;
public class Class_1 {
    public static void main(String args[]) {
        try {
            System.out.print("请输入一个季度数字(1，2，3，4):");
            char i = (char) System.in.read();
            if (i == '1' || i == '2' || i == '3' || i == '4')
                System.out.println("你输入的季节是:第" + i + "季度");
            else
                System.out.println("你输入的季节是错误的!");
            } catch (IOException e) {
                e.printStackTrace();
            }
        }
    }
}
```

程序运行结果：

```
请输入一个季度数字(1，2，3，4):5
你输入的季节是错误的!
```

3.1.3　多个条件判断的 if 语句

多个条件判断的 if 语句的语法格式如下：

```
if (条件表达式 1)
    其他语句 1
else if (条件表达式 2)
    其他语句 2
else if (条件表达式 3)
    其他语句 3
……
else
    其他语句
```

例如：

```
import java.io.IOException;
public class Class_1 {
```

```
public static void main(String args[]) {
    try {
        System.out.print("请输入一个季节数字(1--4):");
        char i = (char) System.in.read();
        if ( i == '1' )
            System.out.println("你输入的季节是春季");
        else if ( i == '2' )
            System.out.println("你输入的季节是夏季");
        else if ( i == '3' )
            System.out.println("你输入的季节是秋季");
        else if ( i == '4' )
            System.out.println("你输入的季节是冬季");
        else
            System.out.println("你输入的季节是错误的!");
    } catch (IOException e) {
        e.printStackTrace();
    }
}
```

程序第一次运行结果是：

请输入一个季节数字(1--4):3

你输入的季节是秋季

程序第二次运行结果是：

请输入一个季节数字(1--4):7

你输入的季节是错误的!

3.2　switch 语句

switch(开关)语句实际上是多个条件判断的 if 语句的变种，但 switch 语句更直观、更容易理解。switch 语句的语法如下：

switch(变量)

{

case 值 1:

语句 1;

break;

case 值 2:

语句 2;

break;

```
    casc 值 3:
        语句 3;
        break;
    case 值 n:
        语句 n;
        break;
    default:
        语句 n+1;
        break;
    }
```

上面 switch 语句的含义是：

　　如果变量的值等于值 1，则执行语句 1；

　　如果变量的值等于值 2，则执行语句 2；

　　如果变量的值等于值 3，则执行语句 3；

　　…

　　如果变量的值等于值 n，则执行语句 n；

　　否则，执行语句 n+1；

例如：

```java
import java.io.BufferedReader;
import java.io.IOException;
import java.io.InputStreamReader;
public class Class_1 {
    public static void main(String args[]) {
        System.out.println("请输入 1-12 月份数字:");
        InputStreamReader is = new InputStreamReader(System.in);
        BufferedReader br = new BufferedReader(is);
        try {
            String i = br.readLine();
            switch (i) {
            case "1":
                System.out.println("你输入的是冬季月份");
                break;
            case "2":
                System.out.println("你输入的是冬季月份");
                break;
            case "3":
                System.out.println("你输入的是春季月份");
                break;
            case "4":
```

```
                System.out.println("你输入的是春季月份");
                break;
            case "5":
                System.out.println("你输入的是春季月份");
                break;
            case "6":
                System.out.println("你输入的是夏季月份");
                break;
            case "7":
                System.out.println("你输入的是夏季月份");
                break;
            case "8":
                System.out.println("你输入的是夏季月份");
                break;
            case "9":
                System.out.println("你输入的是秋季月份");
                break;
            case "10":
                System.out.println("你输入的是秋季月份");
                break;
            case "11":
                System.out.println("你输入的是秋季月份");
                break;
            case "12":
                System.out.println("你输入的是冬季月份");
                break;
            default:
                System.out.println("你输入的月份是错误的!");
                break;
            }
        } catch (IOException e) {
            e.printStackTrace();
        }
    }
}
```

程序第一次运行结果是：

    请输入 1-12 月份数字：12
    你输入的是冬季月份
程序第二次运行结果是：

请输入 1-12 月份数字：13

你输入的月份是错误的!

注意上面的语句中，每个 case 语句后都有一个 break 语句。如果没有这个 beak 语句，那么程序一直会执行 case 后的语句，直到遇到一个 break 语句为止。

思 考 和 练 习

1．房屋销售发放的奖金根据利润提成。利润低于或等于 5 万元时，奖金可按 5%提成；利润高于 5 万元，低于 10 万元时，低于 5 万元的部分仍按 5%提成，高于 5 万元的部分，按 7.5%提成；利润在 10 万到 20 万之间时，高于 10 万元的部分，可提成 10%；利润在 20 万到 30 万之间时，高于 20 万元的部分，可提成 15%；利润在 30 万到 50 万之间时，高于 30 万元的部分，可提成 20%；利润在 50 万到 100 万之间时，高于 50 万元的部分，可提成 25%；利润高于 100 万元时，超过 100 万元的部分按 30%提成。用键盘输入当月利润，求应发放奖金总数。

2．输入某年某月某日，判断这一天是这一年的第几天？

3．输入三个整数 x、y、z，把这三个数由小到大输出。

4．用*号输出字母 E 的图案。

5．利用条件运算符的嵌套来完成此题：学习成绩大于等于 90 分的同学用 A 表示，80～89 分之间的用 B 表示，70～79 分之间的用 C 表示，60～69 分之间的用 D 表示，60 分以下的用 E 表示。

6．输入一行字符串，分别统计出其中英文单词、字母、空格、数字和其他字符的个数。

7．给一个不多于 6 位的正整数，要求：① 求它是几位数。② 逆序打印出各位数字。

8．输入一个不多于 6 位的价格数字，请输出用中文大写表示出的这个价格数字。

9．输入星期几的第一个字母来判断是星期几，如果第一个字母一样，则继续判断第二个字母。

10．输入 3 个数 a、b、c，按大小顺序输出。

第 4 章 循 环 语 句

本章将介绍三大结构之一的另外一个程序语句结构——循环结构程序。

4.1 循 环 语 句

Java 循环结构包括 for 循环、while 循环和 do…while 循环，下面将分别介绍。

4.1.1 for 循环

for 循环的语法格式如下：

```
for (初始化; 条件表达; 迭代)
{
        for 循环体
}
```

for 循环的流程示意图如图 4-1 所示。

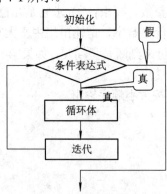

图 4-1 for 循环的流程示意图

for 语句除循环体语句外，主要还有以下三个语句：

(1) 初始化：这里一般是初始化循环变量，这个变量一般是控制循环次数。

(2) 条件表达：这里的条件表达式必须是布尔表达式。条件表达的值为真，则执行循环体；如果表达式的值是假，则退出循环。

(3) 迭代：迭代语句一般是增加或者减少循环控制变量的数值，维持循环继续下去的条件。

下面是求 sum=1+2+3+4+…+100 的和的例子：

```java
public class Class_1 {
    public static void main(String args[]) {
        int sum=0;
        for (int i = 0; i <= 100; i++){
            sum=sum+i;
        }
        System.out.println(sum);
    }
}
```

Java 中的 for 语句与其他语言的 for 语句一样也可以嵌套。下面是矩形九九乘法表的例子：

```java
import java.io.BufferedReader;
import java.io.IOException;
import java.io.InputStreamReader;
public class Class_1 {
    public static void main(String args[]) {
        int i, j, sum;
        for (i = 1; i < 10; i++)
        {
            for (j = 1; j < 10; j++)
            {
                sum = i * j;
                if (sum >= 10)
                {
                    System.out.print(i + "X" + j + "=" + sum + "");
                } else
                System.out.print(i + "X" + j + "= " + sum + "");
            }
            System.out.println("\n");
        }
    }
}
```

程序运行结果：

```
1×1=1   1×2= 2   1×3= 3   1×4= 4   1×5= 5   1×6= 6   1×7= 7   1×8= 8   1×9= 9
2×1=2   2×2= 4   2×3= 6   2×4= 8   2×5=10   2×6=12   2×7=14   2×8=16   2×9=18
3×1=3   3×2= 6   3×3= 9   3×4=12   3×5=15   3×6=18   3×7=21   3×8=24   3×9=27
4×1=4   4×2= 8   4×3=12   4×4=16   4×5=20   4×6=24   4×7=28   4×8=32   4×9=36
5×1=5   5×2=10   5×3=15   5×4=20   5×5=25   5×6=30   5×7=35   5×8=40   5×9=45
```

6×1=6	6×2=12	6×3=18	6×4=24	6×5=30	6×6=36	6×7=42	6×8=48	6×9=54
7×1=7	7×2=14	7×3=21	7×4=28	7×5=35	7×6=42	7×7=49	7×8=56	7×9=63
8×1=8	8×2=16	8×3=24	8×4=32	8×5=40	8×6=48	8×7=56	8×8=64	8×9=72
9×1=9	9×2=18	9×3=27	9×4=36	9×5=45	9×6=54	9×7=63	9×8=73	9×9=81

再来看看左上角九九乘法表的例子：

```java
public class Class_1 {
    public static void main(String args[]) {
        int i, j, sum;
        for (i = 1; i < 10; i++)
        {
            for (j = 1; j < 10; j++)
            {
                if (i <= j)// 变化
                {
                    sum = i * j;
                    if (sum >= 10)
                    {
                        System.out.print(i + "X" + j + "=" + sum + "");
                    } else
                        System.out.print(i + "X" + j + "= " + sum + "");
                }
            }
            System.out.println("\n");
        }
    }
}
```

程序运行结果：

1×1= 1	1×2= 2	1×3= 3	1×4= 4	1×5= 5	1×6= 6	1×7= 7	1×8= 8	1×9= 9
2×2= 2	2×3= 6	2×4= 8	2×5=10	2×6=12	2×7=14	2×8=16	2×9=18	
3×3= 9	3×4=12	3×5=15	3×6=18	3×7=21	3×8=24	3×9=27		
4×4=16	4×5=20	4×6=24	4×7=28	4×8=32	4×9=36			
5×5=25	5×6=30	5×7=35	5×8=40	5×9=45				
6×6=36	6×7=42	6×8=48	6×9=54					
7×7=49	7×8=56	7×8=63						
8×8=64	8×9=72							
9×9=81								

4.1.2 while 循环

while 循环是第二个重要的循环语句。while 循环语句的最大特点就是不知道语句或者语句块需要执行的次数时，使用 while 循环是最明智的选择。while 循环的语法格式如下：

```
while(条件表达式)
{
    while 循环体语句
}
```

while 循环的流程示意图如图 4-2 所示。

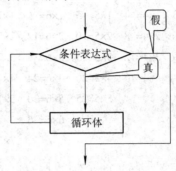

图 4-2   while 循环的流程示意图

下面是右上角九九乘法表的 while 循环的例子：

```
public class Class_1 {
    public static void main(String args[]) {
        int i=1, j, sum;
        while (i < 10)
        {
            j=1;
            while (j < 10)
            {
                if (i <=j )
                {
                    sum=i*j;
                    if (sum >= 10) {
                        System.out.print(i + "X" + j + "=" + sum + "");
                    } else
                    System.out.print(i + "X" + j + "= " + sum + "");
                }
                else//变化
                {
                    System.out.print("");
                }
                j++;
            }
```

```
                System.out.println();
                i++;
            }
        }
    }
```

程序运行结果：

1×1=1	1×2= 2	1×3= 3	1×4= 4	1×5= 5	1×6= 6	1×7= 7	1×8= 8	1×9= 9
	2×2= 4	2×3= 6	2×4= 8	2×5=10	2×6=12	2×7=14	2×8=16	2×9=18
		3×3= 9	3×4=12	3×5=15	3×6=18	3×7=21	3×8=24	3×9=27
			4×4=16	4×5=20	4×6=24	4×7=28	4×8=32	4×9=36
				5×5=25	5×6=30	5×7=35	5×8=40	5×9=45
					6×6=36	6×7=42	6×8=48	6×9=54
						7×7=49	7×8=56	7×9=63
							8×8=64	8×9=72
								9×9=81

4.1.3　do-while 循环

do-while 循环与 while 循环的区别之一就是当条件为假的时候，程序至少执行一次循环体。do-while 循环的语法格式如下：

```
    do
    {
        do-while 循环体语句
    } while(条件表达式)
```

do-while 循环的流程示意图如图 4-3 所示。

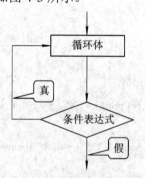

图 4-3　do-while 循环的流程示意图

下面是右下角九九乘法表的 do-while 循环的例子：

```
public class Class_1 {
    public static void main(String args[]) {
        int i=1, j, sum;
        do{
```

```
        j=1;
        do{
            if (i >=( 10-j))
            {
                sum=i*j;
                if (sum >= 10)
                {
                    System.out.print(i + "X" + j + "=" + sum + "");
                 } else
                    System.out.print(i + "X" + j + "= " + sum + "");
            }
            else//变化
            {
                System.out.print("    ");
            }
            j++;
        } while (j < 10);
        System.out.println();
        i++;
    }while (i < 10);
    }
  }
```
程序运行结果：

```
                                                                    1×9=  9
                                                            2×8=16  2×9=18
                                                    3×7=21  3×8=24  3×9=27
                                            4×6=24  4×7=28  4×8=32  4×9=36
                                    5×5=25  5×6=30  5×7=35  5×8=40  5×9=45
                            6×4=24  6×5=30  6×6=36  6×7=42  6×8=48  6×9=54
                    7×3=21  7×4=28  7×5=35  7×6=42  7×7=49  7×8=56  7×9=63
            8×2=16  8×3=24  8×4=32  8×5=40  8×6=48  8×7=56  8×8=64  8×9=72
    9×1=9   9×2=18  9×3=27  9×4=36  9×5=45  9×6=54  9×7=63  9×8=73  9×9=81
```

4.2　跳 转 语 句

Java 跳转语句有 break、return 和 continue 语句，下面将分别进行介绍。

4.2.1　break 语句

前面在讲解 switch 语句时接触过 break，它的功能就是结束 switch 语句。另外，break

语句也可以用于结束循环语句。

下面是在求 1~100 之间的素数问题中使用 break 语句结束循环语句的例子：

```java
public class Class_1 {
    public static void main(String args[]) {
        int Max = 100, Min = 1;   //定义 2 个临界值
        int Num = 2;   //设置除数的初始值
        double temp;   //定义一个中间变量
        int i=0;
        System.out.println("输出 1-100 间的所有素数为：");
        while (Min <= Max)   //当 Min 的值不大于 Max 的值时
        {
            temp = Math.sqrt(Min);   //保存 Min 的平方根的值
            while (Num <= temp)   //当除数的值不大于 temp 的值时
            {
                if (Min % Num == 0)   //当 Min 不能被 Num 整除时
                {
                    break;   //跳出循环
                }
                Num++;   //递增变量 Num 的值
            }
            if (Num > temp)   //当 Num 的值大于 temp 的值时
            {
                System.out.print(Min+ "");
                i++;
                if(i%5==0)
                    System.out.println();
            }
            Num = 2;   //重新为变量 Num 赋值
            Min += 1;   //使变量 Min 的值累加 1
        }
    }
}
```

4.2.2 continue 语句

continue 语句的主要功能是强制结束本次循环，提前返回，也就是让循环体进入下一次循环。

下面是左下角九九乘法表的循环中使用 continue 语句的例子：

```java
public class Class_1 {
    public static void main(String args[]) {
```

```
        int i, j, sum;
        for (i = 1; i < 10; i++)
        {
            for (j = 1; j < 10; j++)
            {
                if (i >=j )
                {
                    sum=i*j;
                    if (sum >= 10) {
                        System.out.print(i + "X" + j + "=" + sum + "");
                    } else
                        System.out.print(i + "X" + j + "= " + sum + "");
                }
                else//变化
                {
                    continue;
                }
            }
            System.out.println();
        }
    }
}
```

程序运行结果：

```
1×1=1
2×1=2   2×2= 4
3×1=3   3×2= 6   3×3= 9
4×1=4   4×2= 8   4×3=12   4×4=16
5×1=5   5×2=10   5×3=15   5×4=20   5×5=25
6×1=6   6×2=12   6×3=18   6×4=24   6×5=30   6×6=36
7×1=7   7×2=14   7×3=21   7×4=28   7×5=35   7×6=42   7×7=49
8×1=8   8×2=16   8×3=24   8×4=32   8×5=40   8×6=48   8×7=56   8×8=64
9×1=9   9×2=18   9×3=27   9×4=36   9×5=45   9×6=54   9×7=63   9×8=73   9×9=81
```

4.2.3　return 语句

return 语句主要用于方法(函数)的定义中，用于返回一个方法(函数)的值。

例如下面这个闰年问题。公元纪年的年数可以被四整除，即为闰年；被 100 整除而不能被 400 整除为平年；被 100 整除也可被 400 整除的为闰年。如 2000 年是闰年，而 1900 年不是。

```
public class Class_1 {
    public static void main(String args[])
```

```
        {
            System.out.println("请输入 4 位数的年份:");
            InputStreamReader is = new InputStreamReader(System.in);
            BufferedReader br = new BufferedReader(is);
            try
            {
                String y1 = br.readLine();
                int   y2= Integer.parseInt(y1);
                int   i=leap_year(y2);
                if(i==1)
                    System.out.println("输入年份:"+y1+"是闰年");
                else
                    System.out.println("输入 4 位数的年份:"+y1+"不是闰年");
            }
            catch (IOException e)
            {
                e.printStackTrace();
            }
        }
        public static int leap_year(int year)
        {
            if ((year%4==0&&year%100!=0)||year%400==0)
                return 1;
            else
                return 0;
        }
    }
```

程序第一次运行结果:

　　请输入 4 位数的年份: 2000

　　输入年份: 2000 是闰年

程序第二次运行结果:

　　请输入 4 位数的年份: 1900

　　输入 4 位数的年份: 1900 不是闰年

思考和练习

1. 有 1、2、3、4 四个数字, 能组成多少个互不相同且无重复数字的三位数? 都是多少?

2. 一个整数, 它加上 100 后是一个完全平方数, 再加上 168 又是一个完全平方数, 问该数是多少？

3．输出九九乘法表。要求：矩形形式输出一个，上左三角形式输出一个，上右三角形式输出一个，下左三角形式输出一个，下右三角形式输出一个。

4．输出 1～1000 之间的所有素数。

5．打印出所有的"水仙花数"。所谓"水仙花数"，是指一个三位数，其各位数字立方和等于该数本身。例如：153 是一个"水仙花数"，因为 153=1 的三次方＋5 的三次方＋3 的三次方。

6．求 s = a + aa + aaa + aaaa + aa…a 的值，其中 a 是一个数字。例如 2 + 22 + 222 + 2222 + 22222 + 222222(此时共有 6 个数相加)，几个数相加用键盘控制。

7．一个数如果恰好等于它的因子之和，这个数就称为"完数"，例如 6 = 1 + 2 + 3。编程找出 1000 以内的所有完数。

8．一球从 200 米高度自由落下，每次落地后反跳回原高度的一半。求它在第 20 次落地时，共经过多少米？第 20 次反弹多高？

9．有一组分数序列：2/1，3/2，5/3，8/5，13/8，21/13，…。求出这个数列的前 20 项之和。

10．编写"鸡兔同笼"问题的程序。鸡和兔放在一个笼子里，知道所有鸡兔头的总数，知道所有鸡兔脚的总数，分别求出鸡和兔子的个数。

第 5 章　数　　组

如果要定义几个变量，我们可以分别定义。但是，如果要定义 100 个同类型的变量，1000 个同类型的变量，怎么办呢？难道我们还是一个一个的定义吗？当然不是，这就是数组的功能。

5.1　一　维　数　组

数组是同一类型数据元素的有限有序集合。数组元素的类型可以是基本数据类型，也可以是复合数据类型。可以随机访问数组中的元素。

5.1.1　一维数组的定义格式

一维数组定义的语法格式如下：

　　类型　数组名[];

例如：

　　int arr[] ;

创建数组的语法格式如下：

　　数组名=new 数据元素的类型[数组元素的个数]

例如：

　　arr=new int[10];

或者

　　int arr[] ;

　　int m=10;

　　arr=new int[m];

或者声明和创建二者合一：

　　int arr[ ]=new int[10];

创建数组实际上是为数组申请相应的空间。**注意**：数组中的元素是从 0 开始计数的。例如上例中的第一个元素是 arr[0]，然后是 arr[1]，arr[2]，…，以此类推。

实际上，一维数组的创建就包括了一维数组初始化。但是，有时候我们希望单独初始化。数组元素初始化需要用大括号{}，然后将相同类型的数据放到存储空间中。例如：

　　int arr[] = { 15, 66, 0, -14, -36, 106, 9, 70, 23, -26, 54, 49 };

下面以选择排序法为例，介绍数组的初始化。

数组一共有 n 个元素，第一次从 arr[0]～ arr[n−1]中选取最小值，与 arr[0]交换；第二次从 arr[1]～arr[n−1]中选取最小值与 arr[1]交换；第三次从 arr[2]～arr[n−1]中选取最小值与 arr[2]交换；……；以此类推。通俗点说就是每次找到后面元素中的最小值，然后与第一个元素交换。选择排序法效率适中。具体代码如下：

```
//--------------选择排序法
class Select{
    public void sort(int arr[]){
        //中间值
        int temp = 0;
        //外循环:我认为最小的数，从 0～长度−1
        for(int j = 0; j<arr.length-1; j++){
            //最小值:假设第一个数就是最小的
            int min = arr[j];
            //记录最小数的下标
            int minIndex=j;
            //内循环:拿我认为的最小的数和后面的数一个个进行比较
            for(int k=j+1;k<arr.length;k++){
                //找到最小值
                if (min>arr[k]) {
                    //修改最小
                    min=arr[k];
                    minIndex=k;
                }
            }
            //当退出内层循环就找到这次的最小值
            //交换位置
            temp = arr[j];
            arr[j]=arr[minIndex];
            arr[minIndex]=temp;
        }
        //输出结果
        for(int i = 0;i<arr.length;i++){
            System.out.print(arr[i]+"");
        }
    }
}
public class Class_1 {
    public static void main(String args[]) {
        int arr[] = { 25, 36, -26, -62, -34, 203, 15, 32, -28, -7, 504, 168 };
```

```
        //调用选择排序法
        Select select = new Select();
        select.sort(arr);
    }
}
```

程序运行结果：

–62 –34 –28 –26 –7 15 25 32 36 168 203 504

5.1.2　一维数组的应用

下面以冒泡排序法讲解一维数组的用法。冒泡排序是交换式排序法的一种，是从前向后(或从后向前)依次比较相邻的元素，若发现逆顺序，则交换。小的向前换，大的向后换，像水底的气泡逐渐向上冒，顾名思义冒泡排序法。冒泡排序法效率较低。例如：

```
public class Class_1 {
    public static void main(String args[]) {
        int arr[] = { 15, 66, 0, -14, -36, 106, 9, 70, 23, -26, 54, 49 };
        int temp = 0;   //中间值
        //-------冒泡排序法
        //外层循环,它决定一共走几趟
        for (int i = 0; i < arr.length - 1; i++) {
        //内层循环,开始逐个比较
        //如果我们发现前一个数比后一个数大,则交换
            for (int j = 0; j < arr.length - 1 - i; j++) {
                if (arr[j] > arr[j + 1]) {
                    // 换位
                    temp = arr[j];
                    arr[j] = arr[j + 1];
                    arr[j + 1] = temp;
                }
            }
        }
        //输出结果
        for (int i = 0; i < arr.length; i++) {
            System.out.print(arr[i] + ",");
        }
    }
}
```

程序运行结果：

–36, –26, –14, 0, 9, 15, 23, 49, 54, 66, 70, 106

5.2　二维数组

二维数组的每一个元素是一个一维数组。如果将一维数组看作是链，那么二维数组就是表，二维表，行列表。二维数组可以说是数组的数组，就是说这里的数组类型已经不是基础的类型了，而是数组类型了。

5.2.1　二维数组的定义格式

二维数组定义的语法格式如下：

　　数据类型　数组名[][];

　　数据类型[][]　数组名;

二维数组创建的格式 1 如下：

　　数据类型[][]　数组名 = new 数据类型[二维数组的长度/包含的一维数组的个数][每个一维数组的长度];

例如：

　　int[][] arr = new int[3][5];

该例创建了一个整型的二维数组，其中包含 3 个一维数组，每个一维数组可以存储 5 个整数。arr[0]是下标为 0 的位置上的一维数组。如果要获取具体的元素需要两个下标，如 arr[1][3]。

二维数组创建的格式 2 如下：

　　数据类型[][]　数组名 = new 数据类型[二维数组的长度/包含的一维数组的个数][];

例如：

　　int[][] arr = new int[3][];

该例表示创建了一个包含了 3 个整型的一维数组的二维数组。

二维数组创建的格式 3 如下：

　　数据类型[][]　数组名 = {{元素 0},{元素 1}, {元素 2}, …};

　　int[][] arr = {{2,5},{1},{3,2,4},{1,7,5,9,8}};

该例表示创建了一个包含了 4 个整型的一维数组的二维数组，每个一维数组最多包含 5 个元素(按最大的一维数组和元素个数计算)。

5.2.2　二维数组的应用

二维数组的长度：数组名.length。

每个一维数组长度：数组名[下标].length。

下面是二维数组的遍历——两重 for 循环的例子：

```
//遍历二维数组，遍历出来的每一个元素是一个一维数组
for(int i = 0; i < arr.length; i++){
```

```java
//遍历对应位置上的一维数组
for(int j = 0; j < arr[i].length; j++){
    System.out.println(arr[i][j]);
}
}


//二维数组的反转---头尾交换
for(int start = 0, end = arr.length -1; start < end; start++,end--){
    int[] temp = arr[start];
    arr[start] = arr[end];
    arr[end] = temp;
}
```

例 5-1 从控制台输入行数，打印对应的杨辉三角。

```java
import java.util.Scanner;
public class c1 {
    public static void main(String[] args) {
        //从控制台获取行数
        Scanner s = new Scanner(System.in);
        int row = s.nextInt();
        //根据行数定义好二维数组，由于每一行的元素个数不同，所以不定义每一行的个数
        int[][] arr = new int[row][];
        //遍历二维数组
        for(int i = 0; i < row; i++){
            //初始化每一行的这个一维数组
            arr[i] = new int[i + 1];
            //遍历这个一维数组，添加元素
            for(int j = 0; j <= i; j++){
                //每一列的开头和结尾元素为 1，开头的时候，j=0，结尾的时候，j=i
                if(j == 0 || j == i){
                    arr[i][j] = 1;
                } else {//每一个元素是它上一行的元素和斜对角元素之和
                    arr[i][j] = arr[i -1][j] + arr[i - 1][j - 1];
                }
                System.out.print(arr[i][j] + "\t");
            }
            System.out.println();
        }
    }
}
```

程序运行结果：

```
6 //自己输入的行数
1
1   1
1   2   1
1   3   3   1
1   4   6   4   1
1   5   10   10   5   1
```

杨辉三角用二维数组的关键算法语句是：arr[i][j] = arr[i -1][j] + arr[i - 1][j - 1];。

例 5-2　输出一个心形图。

```java
public class Class_1 {
    public static void main(String args[]) {
        String[][] jaggedArray = new String[][] {
        new String[] { "", "", "", "", "", "", "", "", "*", "*", "", "", "", "", "", "", "", "", "", "", "", "", "", "*", "*", "", "" },
        new String[] { "", "", "", "", "", "", "*", "*", "*", "*", "*", "*", "", "", "", "", "", "", "", "*", "*", "*", "*", "*", "*" },
        new String[] { "", "", "", "*", "*", "*", "*", "*", "*", "*", "*", "*", "*", "", "", "", "*", "*", "*", "*", "*", "*", "*", "*", "*", "*" },
        new String[] { "", "*", "*", "*", "*", "*", "*", "*", "*", "*", "*", "*", "*", "*", "", "*", "*", "*", "*", "*", "*", "*", "*", "*", "*", "*" },
        new String[] { "*", "*", "*", "*", "*", "*", "*", "*", "*", "*", "*", "*", "*", "*", "*", "*", "*", "*", "*", "*", "*", "*", "*", "*", "*", "*" },
        new String[] { "*", "*", "*", "*", "*", "*", "*", "*", "*", "*", "*", "*", "*", "*", "*", "*", "*", "*", "*", "*", "*", "*", "*", "*", "*", "*" },
        new String[] { "*", "*", "*", "*", "*", "*", "*", "*", "*", "*", "*", "*", "*", "*", "*", "*", "*", "*", "*", "*", "*", "*", "*", "*", "*", "*" },
        new String[] { "", "*", "*", "*", "*", "*", "*", "*", "*", "*", "*", "*", "*", "*", "*", "*", "*", "*", "*", "*", "*", "*", "*", "*", "*", "*" },
        new String[] { "", "", "", "*", "*", "*", "*", "*", "*", "*", "*", "*", "*", "*", "*", "*", "*", "*", "*", "*", "*", "*", "*", "*", "*" },
        new String[] { "", "", "", "", "", "*", "*", "*", "*", "*", "*", "*", "*", "*", "*", "*", "*", "*", "*", "*", "*", "*", "*" },
        new String[] { "", "", "", "", "", "", "", "*", "*", "*", "*", "*", "*", "*", "*", "*", "*", "*", "*", "*", "*" },
        new String[] { "", "", "", "", "", "", "", "", "", "*", "*", "*", "*", "*", "*", "*", "*", "*", "*", "*" },
        new String[] { "", "", "", "", "", "", "", "", "", "", "*", "*", "*", "*", "*", "*", "*" },
        new String[] { "", "", "", "", "", "", "", "", "", "", "", "", "", "*", "*", "*" },
        new String[] { "", "", "", "", "", "", "", "", "", "", "", "", "", "", "", "*" } };
        for (int i = 0; i < jaggedArray.length; i++) {
```

```
            for (int j = 0; j < jaggedArray[i].length; j++)
                System.out.print(jaggedArray[i][j]);
            System.out.println();
        }
    }
}
```

程序运行结果如图 5-1 所示。

图 5-1　二维数组显示的心形图

三维及其以上维数的数组可以称为多维数组，用法可以借鉴二维数组。

思考和练习

1．定义一个可以存放 10 个元素的整形数组，随机输入 10 个数字，存放在数组中，输出数组中的数字。

2．定义一个整型数组 arr={1,3,4,2,6,1,6,2,8,2,6}，里面有重复项，将该数组中重复出现的整数只保留一个，其余的删除。

3．一个有 20 个元素的整型数组中，存放着 20 个随机整数，统计其中奇数和偶数的个数。

4．计算整数数组 a 中的最大值，并确定其下标。

5．定义一个初始值是 50 的一维整型数组，用户输入一个值，将该值插入到数组恰当的位置(该数组是按照从小到大进行排序的)。

6．定义一个数组，输入数值，再将该数组逆序输出。

7．求一个 3*3 矩阵对角线元素之和。

8．随机生成 1000 个数字(整数)，每个数字的范围是［0，100］，统计每个数字出现的次数以及出现次数最多的数字与它的次数，最后将每个数字及其出现的次数打印出来，如果某个数字出现次数为 0，则不要打印它，打印时按照数字的升序排列。

9．全国人口按照 14 亿计算。假如一个人认识两个朋友，两个朋友中每个人又认识其他两个不同的朋友，如果所有的人的朋友不重复计算，则编写程序，计算将全国人民都认识完需要多少层次关系？

10．编写一个体育彩票 35 选 7 的程序，即 1～35 个数字，每次选择 7 个数字算为一注，每次最多可以选择 5 注。

第 6 章 面 向 对 象

介绍 Java 就免不了要介绍面向对象的技术。使用面向对象的语言很多，包括 C++、C#、PHP、Delphi 等。要熟悉面向对象的思想，首先要了解类和对象，下面将详细介绍。

6.1 面向对象的基础

6.1.1 计算机编程语言的发展阶段

一般来说，计算机编程语言的发展阶段包括机器语言、汇编语言和高级语言(分为面向过程的高级语言、面向对象的高级语言)。

1. 机器语言

机器语言是计算机能直接运行的语言，就是二进制语言，实际上就是机器指令组成的语言。机器语言执行效率最高，但是使用机器语言编写程序的话就非常繁琐、难以理解，维护非常困难。

2. 汇编语言

汇编语言介于高级语言和机器语言之间，它使用了一些容易被人读懂的助记符号，是符号化的机器语言。汇编语言属于低级语言，虽然需要编译，但是执行起来和机器语言没有多大的区别，可读性强，虽然执行效率较机器语言低一些，但是容易理解和编程。但是，与自然语言比较来说，汇编语言还是比较难以理解，不容易实现复杂的编程。

3. 面向过程的高级语言

高级语言详细来分，可分为面向过程的高级语言和面向对象的高级语言。

面向过程的高级语言屏蔽了机器语言的细节，提高了编程语言的识别能力，程序中采用了一些复杂的命令和容易理解的执行语句，具有移植性好、容易理解、易于编程和普及度高的特点。

早期的高级语言是非结构化的，如 BASIC、FORTRAN 等语言。C 语言的出现，开启了结构化语言的编程时代。结构化语言体现在有基本的程序结构(顺序结构、选择结构和循环结构)，提高了程序的可读性和可维护性。

另外，高级语言则一定要依赖特定操作系统，例如 Java 运行需要安装 JVM 和 JRE，这就是 Java 的运行环境。

4．面向对象的高级语言

面向对象的程序语言是目前最高级的程序设计语言。面向对象的程序语言直接描述客观事物及其之间的联系，将客观事物看作是属性和方法的统一，提出了类和对象的概念。Java 语言就是典型的面向对象的高级程序设计语言。

6.1.2　面向对象编程语言的重要特性

1．封装性

所谓封装，就是把客观事物封装成抽象的类，并且类可以把自己的数据和方法只让可信任的类或者对象操作，对不可信任的类或者对象进行信息隐藏。封装是面向对象的特征之一，是对象和类概念的主要特性。简单来说，一个类就是一个封装了数据以及操作这些数据的代码的逻辑实体。在一个对象内部，某些代码或某些数据可以是私有的，不能被外界访问，通过这种方式，对象对内部数据提供了不同级别的保护，以防止程序中无关的部分意外地改变或错误地使用了对象的私有部分。

2．继承性

所谓继承，是指可以让某个类型的对象获得另一个类型的对象的属性和方法。它支持按级分类的概念。继承是指这样一种能力：它可以使用现有类的所有功能，并在无需重新编写原来的类的情况下对这些功能进行扩展。通过继承创建的新类称为"子类"或"派生类"，被继承的类称为"基类"、"父类"或"超类"。继承的过程，就是从一般到特殊的过程。要实现继承，可以通过"继承"(Inheritance)和"组合"(Composition)来实现。继承概念的实现方式有两类：实现继承与接口继承。实现继承是指直接使用基类的属性和方法而无需额外编码的能力；接口继承是指仅使用属性和方法的名称，但是子类必须提供实现的能力。

3．多态性

所谓多态性，就是指一个类实例的相同方法在不同情形有不同表现形式。多态机制使具有不同内部结构的对象可以共享相同的外部接口。这意味着，虽然针对不同对象的具体操作不同，但通过一个公共的类，它们(那些操作)可以通过相同的方式予以调用。简单来说，就是一个类实例的方法有多种定义形式，其中方法名相同，而参数不同。

6.1.3　面向对象编程语言的基本原则

面向对象的程序语言有五大基本原则。

1．单一职责原则

单一职责原则(Single Responsibility Principle，SRP)是指一个类的功能要单一，不能包罗万象。如同一个人一样，分配的工作不能太多，否则一天到晚虽然忙忙碌碌的，但效率却不高。

2．开放封闭原则

开放封闭原则(Open-Close Principle，OCP)是指一个模块在扩展性方面应该是开放的，而在更改性方面应该是封闭的。比如：一个网络模块，原来只有服务端功能，而现在要加入客户端功能，那么应当在不用修改服务端功能代码的前提下，就能够增加客户端功能的实现代码，这就要求在设计之初，应当将服务端和客户端分开，公共部分抽象出来。

3．里式代换原则

里式代换原则(the Liskov-Substitution Principle，LSP)是指子类应当可以替换父类并出现在父类能够出现的任何地方。比如：公司召开年终总结大会，所有员工可以参加，不管是老员工还是新员工，也不管是总部员工还是外派员工，都应当可以参加，否则这公司就会出现矛盾。

4．依赖原则

依赖原则(the Dependency Inversion Principle，DIP)是指下层依赖上层，具体依赖抽象。假设 B 是较 A 低的模块，但 B 需要使用到 A 的功能，这个时候，B 不应当直接使用 A 中的具体类，而应当由 B 定义一抽象接口，并由 A 来实现这个抽象接口，B 只使用这个抽象接口，这样就达到了依赖倒置的目的，B 也解除了对 A 的依赖，反过来是 A 依赖于 B 定义的抽象接口。通过上层模块难以避免依赖下层模块，假如 B 也直接依赖 A 的实现，那么就可能造成循环依赖。一个常见的问题就是编译 A 模块时需要直接包含到 B 模块的 cpp 文件，而编译 B 时同样要直接包含到 A 的 cpp 文件。

5．接口分离原则

接口分离原则(the Interface Segregation Principle，ISP)是指模块间要通过抽象接口隔离开，而不是通过具体的类强耦合起来。

6.1.4　程序设计语言的结构

1．面向过程的程序设计

在面向过程的程序设计中，问题被看作一系列需要完成的任务，函数则用于完成这些任务，解决问题的焦点集中于函数。其概念最早由 E．W．Dijikstra 在 1965 年提出，是软件发展的一个重要里程碑。它的主要观点是采用自顶向下、逐步求精的程序设计方法，使用三种基本控制结构构造程序，即任何程序都可由顺序、选择、循环三种基本控制结构构造。

面向过程程序设计语言的特点是：

(1) 具有严格的语法。面向过程程序设计语言中的每一条语句的书写格式都有着严格的规定。

(2) 面向过程程序设计语言与计算机硬件结构无关。面向过程程序设计语言中语句的设计目标有两个：一是能够使用语句描述完成运算过程的步骤和运算过程涉及的原始数据的过程得到简化；二是能够使用面向过程语言编写的程序具有普适性，能够转换成不同的机器语言程序。因此，面向过程语言是与计算机硬件无关的。

(3) 面向过程程序设计语言的语句接近自然表达方式。机器语言程序之所以极其复杂和晦涩难懂，一是用二进制数表示机器指令的操作码和存放操作数的存储单元地址。二是每一条机器指令只能执行简单的运算。面向过程语言要达到简化程序设计过程的目的，需要做到：一是使语句的格式尽量接近自然语言的格式；二是能够用一条语句描述完成自然表达式运算过程的步骤。因此，语句的格式和描述运算过程步骤的方法与自然表达式接近是面向过程程序设计语言的一大特色。

(4) 面向过程程序设计语言提供大量函数。为了做到与计算机硬件无关，通过提供输入输出函数实现输入输出功能。另外，大量复杂的运算过程，如三角函数运算过程等，使用由四则运算符连接的自然表达式来描述运算过程的步骤，其过程也是极其复杂的，通过提供实现这些复杂运算过程的函数，使得面向过程语言的程序设计过程变得相对简单。

(5) 面向过程程序设计语言适合模块化设计。一个程序可以分解为多个函数，通过函数调用过程，使得可以用一条函数调用语句实现函数所完成的复杂运算过程。这种方法可以将一个复杂问题的解决过程分解为较为简单的几个子问题的解决过程。首先通过编写函数用语句描述解决每一个子问题的解决过程的步骤，然后可以用一条函数调用语句描述解决某个子问题的过程的步骤，最后在一个主程序中用多条函数调用语句描述解决分解为多个子问题的复杂问题的解决过程的步骤。

(6) 面向过程程序设计语言不同硬件结构对应不同的编译器。虽然面向过程程序设计语言与计算机硬件结构无关，但用于将面向过程程序设计语言程序转换成机器语言程序的编译器是与计算机硬件有关的，每一种计算机有着独立的用于将面向过程程序设计语言程序转换成该计算机对应的机器语言程序的编译器。因此，一种计算机只有具备了将面向过程程序设计语言程序转换成对应的机器语言程序的编译器，面向过程程序设计语言才能在该计算机上运行。同一面向过程程序设计语言，只要经过不同计算机对应的编译器的编译过程，就可在不同计算机上运行，这种特性称为程序的可移植性。

(7) 面向过程语言设计问题解决过程中的步骤。面向过程程序设计语言中每一条语句的功能虽然比机器指令和汇编指令的功能要强得多，但是无法用一条语句描述完成复杂运算过程所需的全部步骤，仍然需要将完成复杂运算的过程细化为一系列步骤，使得每一个步骤可以用一条语句描述；面向过程语言程序设计过程就是用一系列语句描述问题解决过程中的一系列步骤的过程。

2．面向对象的程序设计

面向对象程序设计(Object-Oriented Programming，OOP)是一种程序设计范型，同时也是一种程序开发的方法。对象指的是类的实例，它将对象作为程序的基本单元，将程序和数据封装其中，以提高软件的重用性、灵活性和扩展性。

面向对象程序设计可以看作是一种在程序中包含各种独立而又互相调用的对象的思想，这与传统的面向过程的思想刚好相反：传统的面向过程的程序设计主张将程序看作一系列函数的集合，或者直接就是一系列对电脑下达的指令；面向对象程序设计中的每一个对象都应该能够接收数据、处理数据并将数据传达给其它对象，因此它们都可以被看作一个小型的"机器"，即对象。

目前已经被证实的是，面向对象程序设计推广了程序的灵活性和可维护性，并且在大型项目设计中广为应用。此外，支持者声称面向对象程序设计要比以往的做法更加便于学习，因为它能够让人们更简单地设计并维护程序，使得程序更加便于分析、设计、理解。反对者在某些领域对此予以否认。

当我们提到面向对象的时候，它不仅指一种程序设计方法，更多意义上是一种程序开发方式。在这一方面，我们必须了解更多关于面向对象系统分析和面向对象设计(Object Oriented Design，OOD)方面的知识。

6.2　类

类是具体对象的共同特征(属性和方法)的抽象表示，而对象是类的实例。比如说，人这个概念就是表示一个类的抽象，人有四肢，人有身高，人有年龄，人有性别，这些都是人这个类的属性(状态)特征。人可以走路，人可以吃饭，人可以睡觉，人可以语言交流，这些都是人这个类的方法(动作、操作)特征。而我们在现实生活中看到的每一个人，就是一个具体的对象，他或者她具有人这个类的属性特征和方法特征。当然，不是每一个具体的人的这个对象都具有人的所有特征。类是组成 Java 程序的基本要素。类封装了一个对象的属性和方法。类就是一个用来定义对象的模板。可以用类创建对象，当使用一个类创建一个对象时，就是给出了这个类的一个实例。

6.2.1　类

在 Java 中，类的定义如下：
```
[修饰符] class  类名
{
    属性定义
    构造器定义
    方法定义
}
```
定义一个类时，一般包括三个主要的部分：属性定义、方法定义和构造器定义(构造函数)。各个成员之间的顺序无关紧要。一般排列顺序习惯上是先属性定义，再构造器定义，然后是其他方法定义。类前面的修饰符可以是 public、final 或者 static，或者省略。类名是一个合法的标识符(由字母、数字或者下划线组成，不能以数字开始)。一般程序员默认是，类名是一个或者多个有实际含义的单词连接而成，单词的首字母大写，其他字母小写，单词和单词之间不使用任何分隔符和连字符。

下面以人这个类为例来说明类的定义：
```
public class class1
{
    public static void main(String args[]) {
        Person John = new Person();
        John.age=37;
        John.name="John";
        John. weight =70;
        John. height =180;
```

```
            John.show();
        }
    }
        class Person{
            //属性定义
            String name;// 属性：人名
            int age;       // 属性：年龄
            int weight; // 属性：体重
            int height; // 属性：身高
            //构造器定义
            void Person()
            {
                name="";
                age=0;
                weight=0;
                height=0;
            }
            //方法定义，show 是方法名
            public void show(){
                System.out.print("My name is " + name + " \n");
                System.out.print("My age is " + age + " \n");
                System.out.print("My weight is " + weight + " kg\n");
                System.out.print("My height is " + height + " cm\n");
            }
        }
```

程序运行结果：

```
    My name is John
    My age is 37
    My weight is 70 kg
    My height is 180 cm
```

6.2.2　属性

　　属性用于定义该类或者该类实例所包含的数据，如 6.2.1 节例子中的 name、age、weight 和 height。属性一般是基本的 Java 数据类型，与一般的变量定义很相似。在 Java 中定义属性的语法结构如下：

　　　　[修饰符]属性类型　属性名称　[=默认值]

　　● 修饰符：可以是 public、private、protected、static、final 之一或者组合。其中 public、private、protected 只能出现其中的一个，可以与 static、final 组合使用。

- 属性类型：可以是 Java 的基本数据类型或者引用类型。
- 属性名称：合法的标识符。像类名一样，是一个合法的标识符。一般程序员默认是，属性名称由一个或者多个有实际含义的单词连接而成，第一个单词的首字母小写，后面每个单词首字母大写，其他字母小写，单词和单词之间不使用任何分隔符和连字符。
- 默认值：可以为属性设置一个默认的数值。

6.2.3　方法

方法用于定义该类或者该类实例的行为特征或者功能实现。在 Java 中定义方法的语法结构如下：

```
[修饰符]方法返回值的数据类型  方法名称 [=形式参数列表]
{
     程序体
}
```

- 修饰符：可以是 public、private、protected、static、final、abstract 之一或者组合。其中 public、private、protected 只能出现其中的一个；final、abstract 也只能出现其中的一个。它们可以与 static 组合使用。
- 方法返回值的数据类型：这个是该方法返回的数据类型，可以是 Java 基本数据类型或者引用类型。一般返回值通过 return 语句返回。如果没有返回值，则定义为 void。
- 方法名称：与属性名称定义类似，也是一个标识符，不过一般是以动词开始的。
- 形式参数列表：这里与 C 语言函数定义的形式参数列表类似，是该方法可以接受的参数列表。多个参数之间用逗号隔开。每个参数有自己的数据类型。调用时与一般函数调用类似，每个参数的先后顺序不能搞混。

实际上，6.2.1 节例子中的 show、main 都是方法。

注意：方法不能独立定义，方法只能在类体中定义。从逻辑意义上来说，方法要么属于该类本身，要么属于该类的一个对象。方法永远不能独立执行，执行方法必须使用类或对象作为调用者。

6.2.4　构造器(构造方法)

构造器有时也称为构造方法，是一种特殊的方法。构造器用于构造该类的实例。Java 语言通过关键字 new 来调用构造器。构造器是类创建对象的基本途径。如果一个类没有构造器，则这个类通常无法创建实例。即使程序员不写构造器，Java 系统也会为该类提供一个默认的构造器。一旦程序员提供了类的构造器，系统将不再为该类提供默认的构造器。在 Java 中定义构造器的语法结构如下：

```
[修饰符] 构造器名称 (形式参数列表)
```

- 修饰符：可以是 public、private、protected 其中的一个或者省略。
- 构造器名称：必须与类名相同。
- 形式参数列表：与定义方法时的形式参数列表相同。

构造器可以不定义返回值的类型。

6.3　修　饰　符

在 6.2 节中反复介绍了 public、private、protected 等修饰符，为了深刻地理解这些修饰符，下面将对其进行详细介绍。

1．public 修饰符

如果属性和方法定义为 public 类型，那么此属性和方法在所有的类及其子类中，在同一包的类或者不同包的类中，都可以访问这些属性和方法。如 6.2.1 节例子节中的 show 方法前面的 public 就是这个意思。

2．private 修饰符

如果属性和方法定义为 private 类型，那么此属性和方法只能在自己的类中被访问，在其他类中不能访问。

3．protected 修饰符

如果属性和方法定义为 protected 类型，那么此属性和方法只能在自己的类和其子类中被访问。

4．其他修饰符

除了 public、private、protected 三个经常使用的修饰符外，还有下面这些修饰符。

(1) 默认修饰符：没有指定访问控制修饰符时，就表示是默认修饰符。这时的属性和方法只能在自己的类中或者与该类在用一个包中的类中访问。

(2) static：表示静态修饰符。修饰的方法称为静态方法，修饰的变量称为静态变量。静态变量的作用域是整个类。

(3) final：被 final 修饰符定义的变量在程序整个执行过程中最多被赋值一次，因此经常用它定义常量。

(4) transient：只能修饰非静态的变量。平时我们在 Java 内存中的对象，是无法进行 I/O 操作或者网络通信的，因为在进行 I/O 操作或者网络通信的时候，人们根本不知道内存中的对象是个什么东西，因此必须将对象以某种方式表示出来，即存储对象中的状态。一个 Java 对象的表示有各种各样的方式，Java 本身也提供给了用户一种表示对象的方式，那就是序列化。换句话说，序列化只是表示对象的一种方式而已。有了序列化，那么必然有反序列化。序列化就是将一个对象转换成一串二进制表示的字节数组，通过保存或转移这些字节数据来达到持久化的目的。反序列化就是将字节数组重新构造成对象。

(5) volatile：一旦一个共享变量(类的成员变量、类的静态成员变量)被 volatile 修饰，那么就具备了两层语义：① 保证了不同线程对这个变量进行操作时的可见性，即一个线程修改了某个变量的值，这个新值对其他线程来说是立即可见的。② 禁止进行指令重排序。

(6) abstract：被 abstract 修饰的方法称为抽象方法。抽象方法跟普通方法是有区别的，它没有自己的主体(没有{}包起来的业务逻辑)，跟接口中的方法有点类似。所以我们没法直接调用抽象方法。抽象方法不能用 private 修饰，因为抽象方法必须被子类实现(覆写)，而 private 权限对于子类来说是不能访问的，所以就会产生矛盾。抽象方法也不能用 static 修饰，试想一下，如果用 static 修饰了，那么我们可以直接通过类名调用，而抽象方法压根就没有主体，没有任何业务逻辑，这样就毫无意义了。抽象类也不能被实例化，也就是说我们没法直接定义一个抽象类。抽象类本身就代表了一个类型，无法确定为一个具体的对象，所以不能实例化就合乎情理了，只能由它的继承类实例化。

(7) synchronized：只能修饰方法，不能修饰类和变量。synchronized 关键字代表这个方法加锁，相当于不管哪一个线程 A 每次运行到这个方法时，都要检查有没有其他正在用这个方法的线程 B(或者 C、D 等)，有的话要等正在使用这个方法的线程 B(或者 C D)运行完这个方法后再运行此线程 A。

6.4 对 象

Java 中使用类和对象的方法就是先定义类，再用类定义对象，最后通过对象来引用类的属性和方法。

6.4.1 对象的创建

创建对象的语法格式如下：
类名 对象名
对象名=new 类的构造方法();
语法格式也可以写成一行：
类名 对象名=new 类的构造方法();
例如：

Person John;

John = new Person();

或者

Person John = new Person();

实际上我们在前面定义基本变量也采取了类似的方法。例如：

String str1;

str1=new String("Hello,Java");

这里 String 实际上就可以看作是一个类。

6.4.2 对象的使用

使用对象来引用类的属性的语法格式如下：
对象.属性
例如：

John.age=37;

John.name="John";

John.weight =70;

```
John.height =180;
```
使用对象来引用类的方法的语法格式如下:

对象.方法名(参数)

例如:
```
John.show();
```

6.4.3 对象的消亡

为了提高程序的效率,防止出现占用内存过多的情况,就需要及时处理不需要的对象。Java 是通过垃圾收集器来处理和释放不再引用的对象所占有的空间的。清除对象所占有的空间是自动进行的(注意,像 VC++那样的语言清除对象不是自动进行的,要自己及时清除自己定义的对象变量,特别是指针变量,否则会出现内存很快使用殆尽的情况)。Java 中一个对象在作为垃圾被垃圾收集器清除之前,不许清除所有该对象的引用。有时候通过给对象赋值 null 来给对象显式地清除对象引用。例如:

```
Person John;
John = new Person();
John = null;
```

6.5 变   量

6.5.1 类中的变量

类中的变量一般分为成员变量和局部变量。成员变量是类中属性部分定义的变量,成员变量又可以分为实例变量和静态变量。静态变量就是用 static 修饰的成员变量。局部变量是指在方法体中定义的变量或者方法的形式参数。

成员变量的语法格式如下:

[访问控制修饰符] [变量类型] 变量名称

局部变量的语法格式如下:

[变量类型] 变量名称

例如:
```
public class class1 {
    public static void main(String args[]) {
        int s=100;                     //s 是成员变量
        static int v=25;               //v 是静态变量(成员变量)
        System.out.print(sum(100));
    }
    public static int sum(int num) {   //num 是局部变量
        int n=num;                     //n 是局部变量
```

```
        if (n> 0) {
            return n+ sum(n-1);   //调用递归方法
        } else {
                return 0;         //当 n=0 时，循环结束
        }
    }
}
```

　　注意：Java 中除基本变量外，对象(复合变量)使用 new 来申请内存。一个类可以通过 new 运算符创建多个不同的对象。如果一个类中有静态变量，那么基于该类的所有对象的这个静态变量都被分配同一个内存空间，改变其中一个对象的变量都会影响其他对象的变量值。静态变量在类被加载时完成相应的初始化工作，它在一个运行系统中只有一个供整个类和实例对象共享的值，该值有可能被类或者其子类和它们所创建的实例对象改变，每一次的改变都将影响到该类或者其子类和其他实例对象的调用。

6.5.2　变量的初始化和赋值

　　Java 系统中变量使用前必须要赋值。

1．成员变量的初始化和赋值

　　系统对成员变量的初始化和赋值有默认值，其中数值类型变量默认赋值为 0，逻辑类型变量默认赋值的为 false，引用类型变量默认赋值为 null。

2．局部变量的初始化和赋值

　　系统对局部变量不进行自动初始化，要求程序员在程序中显式地给予赋值。方法中的局部变量只有方法被调用时才被分配内存空间，调用完毕，所占空间将被系统释放回收。

3．对象的初始化和赋值

　　Java 系统中，对象的初始化和赋值是必须使用 new 运算符，并调用构造函数进行初始化和赋值的。

6.6　方　　法

6.6.1　方法的分类

　　方法是类的动态属性，对象的行为是由其方法来实现的。类中的方法分为实例方法和静态方法。实例方法可以操作成员变量，包括静态变量，而静态方法只能操作静态变量。静态方法可以通过类名直接调用，而实例方法只能通过对象进行调用。一个类中定义的方法之间可以互相调用，但是静态方法只能调用静态方法，不能调用实例方法。在创建对象之前，实例变量没有分配内存，实例方法也没有入口地址。例如：

```
    public class class1 {
        int i;                                   //实例变量
```

```
            static int j;                      //静态变量
            void setValue1(int x,int y)         //实例方法
            {
                  i=x;
                  j=y;
            }
            static void setValue2(int m,int n)  //静态方法
            {
                  //i=m+n;                       //错误，不能给实例变量 i 赋值
                  j=m*n;
            }
            void showValue()
            {
                  System.out.print("i="+i+"\n");
                  System.out.print("j="+j+"\n");
            }
            public static void main(String args[]) {
                  class1 c1 = new class1();
                  c1. setValue1(50, 100);
                  c1.showValue();
                  c1.setValue2(45, 10);
                  c1.showValue();
                  class1.setValue2(30, 60);     //通过类名直接访问静态方法
                  //class1.setValue1(25, 50);    //通过类名直接访问实例方法是非法的
            }
      }
```

程序运行结果：

    i=50

    j=100

    i=50

    j=450

6.6.2　方法中的数据传递

方法中的数据传递有值传递、引用传递、返回值、实例变量和静态变量这几种传递方式。

1．方法的值传递

这里讲的内容与 C 语言中的值传递一样，即实际参数(实参)的值单向传递给形式参数(形参)，实参和形参除了对应传递外，不发生任何关系。就是说当方法被调用后，形参的数值可能发生变化，但是调用返回后，形参的数值不会带到实参中来。6.6.1 节例子中介绍

的 setValue1(int x,int y)的 x 和 y 与 setValue2(int m,int n)的 m 和 n 都属于这种值传递。

2．方法的引用传递

这里讲的内容与 C 语言中的地址传递类似。形参和实参指向同一个地址，因此任何对形参的改变都会影响到对应的实参。这里的实参一般是数组或者引用类型。例如：

```java
public class class1 {
    int i;
    int j;
    int area(int x,int y)
    {
        return x*y;
    }
    void setValue1(class1 c)        //引用地址传递
    {
        c.i=c.i*c.i*c.i;
        c.j=c.j*c.j*c.j;
    }
    void setValue2(int m,int n)
    {
        i=m;
        j=n;
    }
    static void setValue3(int p[],int q)//数组地址传递
    {
        for(int i=0;i<p.length;i++)
            p[i]=p[i]+q;
    }
    void showValue()
    {
        System.out.println("i="+i);
        System.out.println("j="+j);
    }
    public static void main(String args[]) {
        class1 c0 = new class1();
        c0.setValue2(4, 5);
        c0.showValue();
        c0.setValue1(c0);
        c0.showValue();

        int arr[]=new int[4];
        for(int i=0;i<arr.length;i++)
```

```
            arr[i]=i;
        for(int i=0;i<arr.length;i++)
        System.out.println("arr["+i+"]="+arr[i]);
        setValue3(arr,5);
        for(int i=0;i<arr.length;i++)
            System.out.println("arr["+i+"]="+arr[i]);
    }
}
```

程序运行结果：

```
    i=4
    j=5
    i=64
    j=125
    arr[0]=0
    arr[1]=1
    arr[2]=2
    arr[3]=3
    arr[0]=5
    arr[1]=6
    arr[2]=7
    arr[3]=8
```

3．方法的返回值

返回值方法不是在形参和实参之间进行的，而是在方法调用结束后，直接将返回值带回给调用方法的程序中的。一般被调用的方法的返回值类型要定义，使用 return 语句返回需要返回的数值。例如上面方法的引用传递例子中的第 4～7 行代码就是对返回值的定义：

```
    int area(int x,int y)
    {
        return x*y;
    }
```

4．实例变量和静态变量传递方式

实例变量和静态变量传递方式，实际上是利用在类中定义的实例变量和静态变量在每个方法中都可以使用来进行数据传递的，实际上就是共享变量的方式。

6.6.3　类中的三个重要方法

1．构造方法

构造方法前面已经有所介绍，这里再详细叙述一下。

一个是前面提到，类中可以没有构造方法，Java 系统会提供默认的构造方法。另外一个是，一个类中可以存在多个构造方法。例如：

```java
public class class1 {
    int i;
    int j;
    public class1(class1 c0) {
        // TODO Auto-generated constructor stub
        c0.i=100;
        c0.j=200;
    }
    public class1() {
        // TODO Auto-generated constructor stub
        i=2;
        j=3;
    }
    public static void main(String args[]) {
        class1 c0 = new class1();
        System.out.println("i="+c0.i);
        System.out.println("j="+c0.j);
        class1 c1 = new class1(c0);
        System.out.println("i="+c0.i);
        System.out.println("j="+c0.j);
    }
}
```

程序运行结果：

```
i=2
j=3
i=100
j=200
```

2．main 方法

实际上，我们前面所举的例子都包含有 main(String args[])方法。Java 的程序运行都是从 main 方法开始的，一个程序只能有一个 main 方法，这与 C 语言很相似。main 方法中的参数 String args[]是用来传递命令行参数的。args[i-1]存储着所传递的第 i 个参数。其中，字符串数据 args[]存储传递的参数，args.length 存储所传递参数的个数。通过下面的例子就可以验证参数的个数和内容了：

```java
public class class1 {
    void showParameter(int i ,String str) {
        System.out.println("+第"+i+"个参数是"+str);
    }
    public static void main(String args[]) {
        class1 p0 = new class1();
```

```
        for(int i=0;i<args.length;i++)
            p0.showParameter(i+1,args[i]);
    }
}
```

3．递归调用方法

如果一个方法在其方法体内直接或者间接调用其自身，则称为方法的递归。方法的递归包含了一种隐式的循环，它会重复某段代码，但这段重复执行无需循环控制。

例如，s(n)=1+2+3+4+…+100，求 s(100)的值。用递归方法来实现。

```java
public class class1 {
    public static void main(String args[]) {
        System.out.print(sum(100));
    }
    public static int sum(int num) {
        if (num > 0) {
            return num + sum(num - 1);   //调用递归方法
        } else {
            return 0;    //当 num=0 时，循环结束
        }
    }
}
```

程序运行结果：

5050

在上例的代码中，求解过程如下：

sum(100)= 100+sum(99)

sum(99) = 99+sum(98)

sum(98) = 98+sum(97)

…

sum(3) = 3+sum(2)

sum(2) = 2+sum(1)

sum(1) = 1+sum(0)

sum(0)=0

实际上递归是通过较复杂的问题的解依次归结为较简单的操作的，也称为反推过程。递归就是自己调用自己。

6.7　抽象类和抽象方法

有抽象方法的类只能被定义为抽象类，但抽象类中可以没有抽象方法。抽象类是指只声明了方法而不去实现方法的类，抽象类不能被实例化，也就是说不能创建对象。抽象类

和抽象方法是用 abstract 修饰符来进行定义的。

例如有如图 6-1 所示的抽象类实例的四个类文件结构，其实现代码如下：

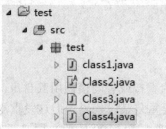

图 6-1　抽象类实例的四个类文件结构

```java
//第一个类文件
package test;
public abstract class Class2 {     //定义了一个抽象类
    int i;
    int j;
    public Class2(int x, int y)
    {
        i=x;
        j=y;
        System.out.println("这是抽象类的构造函数！");
    }
    public abstract int show(); //定义了一个抽象方法，抽象方法不能有实现
}
//第二个类文件
package test;
public class Class3 extends Class2
{
    public Class3(int x, int y) {
        super(x, y);
        // TODO Auto-generated constructor stub
    }
    public int show()
    {
        // TODO Auto-generated method stub
        System.out.println("这是第 1 个下位类的实现,输出是 i+j="+ (i+j));
        return i+j;
    }
}
//第三个类文件
package test;
```

```
public class Class4 {
    public Class4(int x, int y) {
        super(x, y);
        // TODO Auto-generated constructor stub
    }
    @Override
    public int show()
    {
        // TODO Auto-generated method stub
        System.out.println("这是第 2 个下位类的实现,输出是 i*j="+ i*j);
        return i*j;
    }
}
//主文件
package test;
public class class1 {
    public static void main(String args[]) {
        int i=10;
        int j=20;
        Class3 c3=new Class3(i, j);
        c3.show();
        Class4 c4=new Class4(i, j);
        c4.show();
    }
}
```

程序运行结果：

　　这是抽象类的构造函数！

　　这是第 1 个下位类的实现,输出是 i+j=30

　　这是抽象类的构造函数！

　　这是第 2 个下位类的实现,输出是 i*j=200

　　那么，定义这种没有方法实现的抽象类有什么意义呢？抽象类中的方法实现一般是在继承类中实现的，这样就可以保证不同的继承类(下位类)可以对同一个方法名编写不同的实现过程。实际上这里抽象类体现的就是一种模板设计的思想。

6.8　软　件　包

6.8.1　package 语句

　　package 语句引入程序需要的包。包的概念有文件夹的含义,只不过包是一组类的集合,可以包含多个类文件，还可以包中有包。包有利于将相关的源代码组织在一起，有利于划分命名空间，避免类名冲突，也有利于提供包一级的封装和存取权限。例如，图 6-2 所示的 test 就是一个包。

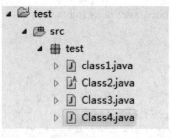

图 6-2　test 包

包的声明格式如下：
　　package 包的名称
在文件第一行一般有类似下面格式的语句：
　　package test;
　　class xxx
　　{}
Java 使用文件系统来存储包和类，包名就是目录名(也称为文件夹)，但目录名不一定是包名。

6.8.2　import 语句

import 语句的功能是引入包中的类。同样，除了自己定义的类外，import 语句也可以导入 Java 系统提供的类。例如：
　　import java.awt*;　　　　　//引入 java.awt 中所有的类
或者：
　　import java.awt.Date；　　　//引入 java.awt 中的 Date 类
除了自己定义的导入文件外，还有一些系统自己的导入文件有时需要引入到程序中来。比如：
Java.lang：提供基本数据类型及操作。
Java.util：提供高级数据类型及操作。
Java.io：提供输入/输出流控制。
Java.sql：提供与数据库连接的接口。
Java.net：提供支持 Internet 协议的功能。
注意：使用自己定义的类时，必须在类中指明包的位置。

思 考 和 练 习

1. 利用递归函数调用方式，将所输入的 10 个字符，以相反顺序打印出来。

2．用函数的递归调用求 10 的阶乘。

3．有 6 个人坐在一起，问第 6 个人多少岁，他说比第 5 个人大 2 岁。问第 5 个人多少岁，他说比第 4 个人大 2 岁。问第 4 个人多少岁，他说比第 3 个人大 2 岁。问第 3 个人多少岁，他说比第 2 个人大 2 岁。问第 2 个人多少岁，说比第 1 个人大 2 岁。最后问第 1 个人，他说是 12 岁。问第 6 个人多少岁？

4．一个 5 位数，判断它是不是回文数，即个位与万位相同，十位与千位相同，如 12321 是回文数。编写程序，找出 5 位数中的所有回文数。

5．汉诺塔问题。汉诺塔(Tower of Hanoi)源于印度传说中，大梵天创造世界时造了三根金刚石柱子，其中一根柱子自底向上叠着 64 片黄金圆盘。大梵天命令婆罗门把圆盘从下面开始按大小顺序重新摆放在另一根柱子上，并且规定，在小圆盘上不能放大圆盘，在三根柱子之间一次只能移动一个圆盘。编写程序，完成 A 柱上 6 个圆盘，借助于 B 柱，移动到 C 柱上去。移动的规则是一次只能移动一个圆盘，并且必须遵循大盘在下，小盘在上的原则。

7．利用递归调用显示如下图形：

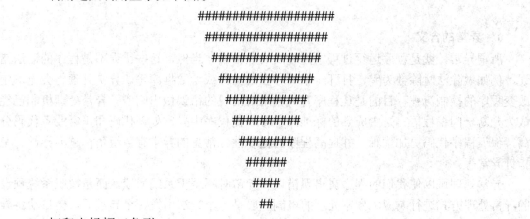

8．打印出杨辉三角形：

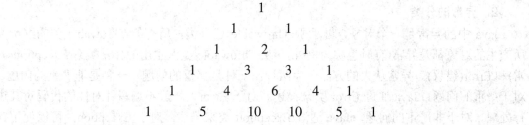

9．对一组字符串进行排序。

第 7 章　Java 中的异常处理机制

程序运行时，经常会出现一些错误。对于计算机来讲，错误和异常是非常常见的现象。Java 系统本身也建立了处理异常的机制，来保证程序能够处理各种异常。

7.1　异常的含义及分类

1．异常的含义

所谓异常，就是程序运行过程中出现的一些错误。当然，这些错误不是程序的语法错误，例如做除法时除数为零，打开一个不存在的文件或者数据库等。异常处理将会无形中改变程序的控制流程，目的是让程序有机会来对出现的错误做出响应。异常处理机制已经成为判断一门编程语言是否成熟的标准，它可以使程序中异常处理代码和正常业务代码分离，保证程序代码更加优雅，并提高程序的健壮性。常见的异常有数组角标越界异常、空指针异常等。

异常处理可以使我们的程序在出现错误和异常时不至于系统崩溃，而是按照系统预设的异常处理方式进行响应。异常处理的机制一般是一个方法引发一个异常后，会自动将异常抛出(throw)，由该方法的直接或者间接调用者进行处理。

2．异常的分类

Java 中的异常是一个对象，继承于 Throwable 这个类，所有的 Throwable 类的继承类所产生的对象都是异常(有时也称为例外)。从 Throwable 类派生出的异常类有 Exception(异常)和 Error(错误)。异常从大的方面分为两种：一种是严重的问题，一种是非严重的问题。对于严重的问题，Java 通过 Error 类来描述。对于 Error，一般不编写针对性的代码对其进行处理。对于非严重的问题，Java 通过 Exception 类来描述。对于 Exception，可以使用针对性的处理方式进行处理。

Throwable 父类与 Exception(异常)和 Error(错误)的关系结构如下：

```
Throwable    //父类(从下面两个类的相同共性中抽取出来的)
    |--Error
    |--Excption    //两个子类(里面定义了很多问题(异常出现))
```

Error(错误)：一般是与 Java 虚拟机相关的问题，如系统崩溃、虚拟机出错误、动态链接失败等，这种错误无法恢复或不可能捕获，将导致应用程序中断，通常应用程序无法处理这些错误，因此应用程序不应该捕获 Error 对象，也无需在其 throws 子句中声明该方法抛出任何 Error 或其子类。

Exception(异常)：Exception 类及其子类是 Throwable 的一种形式，它指出了合理的应用程序想要捕获的条件。其子类介绍如下：

- SQLException：提供关于数据库访问错误或其他错误的信息。
- RuntimeException：是那些可能在 Java 虚拟机正常运行期间抛出的异常的超类。
- IOException：是异常的通用类，它是由失败的或中断的 I/O 操作生成的。

无论 Error 或者 Exception 都有一些共性的内容，比如不正常情况的消息、引发原因等。

Throwable()类：是 Java 语言中所有错误或异常的超类。只有当对象是此类(或其子类之一)的实例时，才能通过 Java 虚拟机或者 Java throw 语句抛出。类似地，只有此类或其子类之一才可以是 catch 子句中的参数类型。

异常对象包含的常用方法包括：

getMessage()：返回该异常的详细描述字符。

printStackTrace()：将该异常的跟踪栈信息输出到标准错误输出。

printStackTrace(PrintStream s)：将该异常的跟踪栈信息输出到指定的输出流。

getStackTrace()：返回该异常的跟踪栈信息。

7.2 异 常 处 理

1. 处理语句

Java 异常处理机制主要依赖于 try、catch、finally、throw、throws 五个关键字。

try--catch 结构是异常处理最基本的结构。在这种结构中，可能引发的异常语句封装在 try 程序体中，而处理异常的相应语句封装在 catch 程序体中。

try--catch 结构格式如下：

```
try
{
    需要被检测的代码；
}
catch
{
    处理异常的代码；(处理方式)
}
finally
{
    一定会执行的代码；(处理方式)
}
```

- try：里面放置可能引发异常的代码。
- catch：后面对应异常类型和一个代码块，用于表明该 catch 块用于处理这种类型异常的代码块，可以有多个 catch 块。

• finally：主要用于回收在 try 块里打开的资源(如数据库连接、网络连接和磁盘文件)。异常处理机制总是保证 finally 块被执行。只有 finally 块执行完成之后，才会回来执行 try 或者 catch 块中的 return 或者 throw 语句。如果 finally 中使用了 return 或者 throw 等终止方法的语句，则不会跳回执行，直接停止。

• throw：用于抛出一个实际的异常，可以单独作为语句使用，抛出一个具体的异常对象。

• throws：用在方法签名中，用于声明该方法可能抛出的异常。

2. 执行步骤

• 如果执行 try 块中的业务逻辑代码时出现异常，则系统自动生成一个异常对象，该异常对象被提交给 Java 运行环境，这个过程称为抛出(throw)异常。

• 当 Java 运行环境收到异常对象时，会寻找能处理该异常对象的 catch 块，如果找到合适的 catch 块并把该异常对象交给 catch 块处理，那么这个过程称为捕获(catch)异常；如果 Java 运行环境找不到捕获异常的 catch 块，则运行时环境终止，Java 程序也将退出。

• 不管程序代码块是否处于 try 块中，甚至包括 catch 块中的代码，只要执行该代码时出现了异常，系统都会自动生成一个异常对象，如果程序没有为这段代码定义任何 catch 块，则 Java 运行环境肯定找不到处理该异常的 catch 块，程序肯定在此退出。

• try 块后可以有多个 catch 块。try 块后使用多个 catch 块是为了针对不同异常类提供不同的异常处理方式。当系统发生不同意外情况时，系统会生成不同的异常对象，Java 运行时就会根据该异常对象所属的异常类来决定使用哪个 catch 块来处理该异常。

• 通常情况下，如果 try 块被执行一次，则 try 块后只有一个 catch 块会被执行，绝不可能有多个 catch 块被执行，除非在循环中使用 continue 开始下一次循环，下一次循环又重新运行了 try 块，这才可能导致多个 catch 块被执行。

• 进行异常捕获时，一定要记住先捕获小的异常，再捕获大的异常。

再说明白一点，就是以上的异常处理语法结构中只有 try 块是必需的，也就是说如果没有 try 块，则不可能有后面的 catch 块和 finally 块；catch 块和 finally 块都是可选的，但 catch 块和 finally 块至少出现其中之一，也可以同时出现；可以有多个 catch 块，捕获父类异常的 catch 块必须位于捕获子类异常的后面；不能只有 try 块，而没有 catch 块或者 finally 块；多个 catch 块必须位于 try 块之后，finally 块必须位于所有 catch 块之后。

3. 出现异常示例

例 7-1 除数为 0 的程序异常。

```
class Demo
{
    public int div(int x,int y)
    {
        return x/y;
    }
}
```

```
public class c1 {
    public static void main(String[] args) {
        Demo d=new Demo();
        int x=d.div(4,0);        //0 作为除数
        System.out.println("x="+x);
        System.out.println("over");
    }
}
```

程序运行结果：

```
Exception in thread "main" java.lang.ArithmeticException: / by zero
    at Demo.div(c1.java:7)
    at c1.main(c1.java:13)
```

从上面的结果可以分析出，在程序的第 7 和第 13 行都出现了异常，这是因为除法的机制，除数不能为 0。这时候运行就抛出了异常，需要采取异常处理。例如：

```
class Demo
{
    public int div(int x,int y)
    {
        return x/y;
    }
}public class c1 {
    public static void main(String[] args) {
        Demo d=new Demo();
        try
        {
            int x=d.div(4,0);
            System.out.println("x="+x);
        }
        catch(Exception e)
        {
            System.out.println("除数有误");
        }
        System.out.println("over");
    }
}
```

程序运行结果：

```
除数有误
over
```

例 7-2　读不存在的文件时出现异常，并进行了异常处理。

```
import java.io.FileInputStream;
import java.io.IOException;
public class c1 {
    public static void main(String[] args) {
        FileInputStream fis = null;
        try {
            fis = new FileInputStream("a.txt");
        } catch (IOException ioe) {
            System.out.println(ioe.getMessage());
            //return 语句强制方法返回
            return;
            //使用 exit 来退出虚拟机
            //System.exit(1);
        } finally {
            //关闭磁盘文件，回收资源
            if (fis != null) {
                try {
                    fis.close();
                } catch (IOException ioe) {
                    ioe.printStackTrace();
                }
            }
            System.out.println("程序已经执行了 finally 里的资源回收");
        }
    }
}
```

程序运行结果：

```
a.txt (系统找不到指定的文件。)
程序已经执行了 finally 里的资源回收
```

4. 使用 throws 抛出异常

使用 throws 抛出异常的思路是：当前方法不知道如何处理这种类型的异常，该异常应该由上一级调用者处理，如果 main() 方法也不知道应该如何处理这种类型的异常，则也可以使用 throws 声明抛出异常，该异常将交给 JVM 来处理。JVM 对异常的处理方法是：打印异常跟踪栈的信息，并终止程序运行，所以有很多程序遇到异常后会自动结束。

使用 throws 抛出异常的格式：throws 声明的抛出异常紧跟在方法之后，可以声明多个异常类，多个异常类之间以逗号隔开。一旦使用了 throws 语句声明抛出异常，就不用再使用 try--catch 来捕获异常了。

例如：

```java
import java.io.FileInputStream;
import java.io.IOException;

public class c1 {
    public static void main(String[] args) throws IOException {
        test();
    }
    public static void test() throws IOException {
        FileInputStream fis = new FileInputStream("a.txt");
    }
}
```

test()方法抛出了异常，那么 test()方法的调用者要么放在 try 块中显示捕获该异常，要么这段代码处于另一个带 throws 声明抛出的方法中。

上面的程序也可以改为

```java
import java.io.FileInputStream;
import java.io.IOException;
public class c1 {
    public static void test() throws IOException
    {
        FileInputStream fis = new FileInputStream("a.txt");
    }
    public static void main(String[] args) {
        try
        {
            test();
        } catch (IOException e)
        {
            // TODO Auto-generated catch block
            e.printStackTrace();
        }
    }
}
```

思考和练习

1. 异常处理的概念和作用是什么？
2. 异常处理的机制是什么？
3. 熟悉 try--catch--finally 异常处理结构。

第 8 章　Java 中的常见类库

　　类库是系统提供的已经实现的标准类的集合。在程序中充分地利用 Java 的类库，可以完成各种复杂的处理和运算，提高程序的编写效率，使编写出来的程序更加简洁，运行效率更高。Java 常用的类有 System 类、Math 类、Random 类、基本数据类型的包装类、Vector 类、Stack 类、Queue 类、Arrays 类和 Hashtable 类等，下面将分别介绍。

8.1　Java 类库的结构

　　Java 类库中常用的类和接口有：

java.io：系统输入和输出。

java.utl：日期、时间、国际化等各种实用工具类。

java.swing.*：一组轻量级组件。

java.sql：数据源数据的 API。

java.net：网络通信应用类。

java.math：数学运算类。

java.lang：程序设计基础类。

java.awt：用户界面和图形图像类。

java.applet：Java 里嵌入 HTML 文档中的、可以在浏览器运行的小程序。

8.2　常　用　类

8.2.1　System 类

　　在前面章节中使用了许多 System.out.print()和 System.out.println()语句，实际上这些就是使用 System 类的方法。System 类是一个特殊类，它是一个公共最终类，不能被继承，也不能被实例化，也就是说不能使用 System 类定义对象。System 类中所有的变量和方法都是静态的，使用时以 System.变量名和 System.方法名的方式调用。

　　System 类包含 3 个经常使用的公共数据流，分别是标准输入(in)、标准输出(out)和标准错误(err)。

　　in 属性是 InputStream 类的一个对象，它是未经包装的原始类 InputStream，可以通过

System.in.read()方法读取字节数据，实现标准输入。例如：

        char i = (char) System.in.read();

out 和 err 都是被包装成 InputStream 对象的，所以可以直接使用 System.out 和 System.err 方法调用。例如，可以使用下面的方法完成各种数据类型的输出：

        System.out.print("num=" + num+"\n");

或者：

        System.out.println("num=" + num);

8.2.2　Math 类

Math 类提供了很多数学运算，包括几何、三角以及常用的数学函数。

Math 类定义的常用方法有：三角函数，如 sin(正弦函数)、cos(余弦函数)、tan(正切函数)、cot(余切函数)、asin(反正切)、acos(反余弦函数)、atan(反正切函数)；指数函数，如 exp(欧拉数)、log(自然对数)、pow(幂值)、sqrt(平方根)、cbrt(立方根)；舍入函数，如 intceil(最小整数)、intfloor(最大整数)；其他函数，如 random(随机函数)、toRadians(角度转换弧度)、toDegrees(弧度转换角度)、abs(绝对值)、max(最大值)、min(最小值)等。

例如，输入两个数值，分别计算其正弦值和余弦值：

```java
package test;
import java.util.Scanner;
public class class1 {
    public static void main(String args[]) {
        System.out.println("请输入两个数，输入后回车，计算其正弦和余弦值：");
        Scanner reader=new Scanner(System.in);
        double x=reader.nextDouble();
        double y=reader.nextDouble();
        System.out.println("你输入的第一个值是" + x);
        System.out.println("你输入的第二个值是" + y);
        double sinx=Math.sin(x);
        double cosx=Math.cos(x);
        double siny=Math.sin(y);
        double cosy=Math.cos(y);
        System.out.println(x +"的正弦值是" + sinx);
        System.out.println(x +"的余弦值是" + cosx);
        System.out.println(y +"的正弦值是" + siny);
        System.out.println(y +"的余弦值是" + cosy);
    }
}
```

程序运行结果：

        请输入两个数，输入后回车，计算其正弦和余弦值：

3.0

5.0

你输入的第一个值是 3.0

你输入的第二个值是 5.0

3.0 的正弦值是 0.1411200080598672

3.0 的余弦值是 −0.9899924966004454

5.0 的正弦值是 −0.9589242746631385

5.0 的余弦值是 0.28366218546322625

8.2.3　Random 类

Random 类主要创建新的随机生成器。例如，生成 10 个 1～100 之间的随机数：

```
package test;
import java.util.Random;
public class class1 {
    public static void main(String args[]) {
        Random rand=new Random();
        for(int i=1;i<=10;i++)
        {
            int r0=rand.nextInt(100);
            System.out.println("第"+ i +"个随机数是： " + r0);
        }
    }
}
```

程序运行结果：

第 1 个随机数是：62

第 2 个随机数是：81

第 3 个随机数是：39

第 4 个随机数是：75

第 5 个随机数是：28

第 6 个随机数是：43

第 7 个随机数是：88

第 8 个随机数是：90

第 9 个随机数是：13

第 10 个随机数是：61

产生一个 Min～Max 之间随机数的公式是 Min+Math.random()*(Max−Min)。

8.2.4　基本数据类型的包装类

1．Java 中八种基本数据类型对应的包装类

Java 语言中每个基本数据类型都有一个包装类与之对应，包装类的类名与基本数据类

型的名称相似。注意，包装类的类名第 个字母是大写的。Java 中八种基本数据类型对应的包装类如表 8-1 所示。

表 8-1 Java 中八种基本数据类型对应的包装类

原始类型	包装类	原始类型所占的字节数
short	Short	2 个字节
int	Integer	4 个字节
long	Long	8 个字节
float	Float	4 个字节
double	Double	8 个字节
byte	Byte	1 个字节
char	Character	2 个字节

从前面章节的内容可以看出，Java 语言与其他的编程语言一样，可以直接处理基本数据类型。但是，Java 语言还可以将基本数据类型当作对象来处理，这就需要包装类。在某些环境下，应用包装类可以大大提高编程效率。

2．用于强制类型转换

包装类可以用于强制类型转化。例如：

```
Integer intg = Integer.valueOf(str);
int i = intg.parseToInt();
```

3．用于函数传值

包装类可以用于函数传值。例如：

```
public void test(Object obj){}
test(new Integer(5)); //你想传递 5 进去就可以这样写
```

4．常用方法

示例程序 1：

```
public class class1 {
    public static void main(String args[]) {
        System.out.println("byte 最小值： " + Byte.MIN_VALUE);
        System.out.println("byte 最大值： " + Byte.MAX_VALUE);
        Integer i1 = new Integer(10); // int--> Integer
        Integer i2 = new Integer("123"); // String --> Integer
        System.out.println(i1); // 10
        System.out.println(i2); // 123
    }
}
```

程序结果如下：

byte 最小值：−128

byte 最大值：127

10

123

示例程序 2：

```java
public class class1 {
    public static void main(String args[]) {
        // int-->Integer，基本数据类型-->引用类型
        Integer i1 = new Integer(10);
        // Integer-->int，引用类型-->基本类型
        int i2 = i1.intValue();
        System.out.println(i2 + 1); // 11
        // 重要：static int parseInt(String s); String-->int
        int age = Integer.parseInt("25");
        System.out.println(age + 1); // 26
        // "abc"这个字符串必须是"数字字符串"才行
        // int price = Integer.parseInt("abc"); //NumberFormatException
        // 重要：static double parseDouble(String s);
        double price = Double.parseDouble("3.0");
        System.out.println(price + 1.0); // 4.0
        // 将 int 类型的十进制转换成二进制
        String s1 = Integer.toBinaryString(10);
        System.out.println(s1); // 1010
        // 将 int 类型的十进制转换成十六进制
        String s2 = Integer.toHexString(10);
        System.out.println(s2); // a
        // 将 int 类型的十进制转换成八进制
        String s3 = Integer.toOctalString(10);
        System.out.println(s3); // 12
        // int-->Integer
        Integer i3 = Integer.valueOf(10);
        // String--->Integer
        Integer i4 = Integer.valueOf("10");
        System.out.println(i3);
        System.out.println(i4);
    }
}
```

程序结果如下：

11

26

4.0

1010

```
        a
        12
        10
        10
```

8.2.5 Vector 类

向量类 Vector 是一个动态数组类，包含在 Java.util 中，可以动态创建数组，从而避免因为定义的数组太大而浪费系统资源。创建 Vector 类的对象后，可以动态地往其中插入不同的类对象，不需要顾及类型，也不需要预先选定向量的容量，可以进行方便的查找。

下面的程序示例演示了 Vector 的使用，包括 Vector 的创建、向 Vector 中添加元素、从 Vector 中删除元素、统计 Vector 中元素的个数和遍历 Vector 中的元素。

```java
import java.util.Vector;
public class c1 {
    public static void main(String[] args) {
        //Vector 的创建
        //使用 Vector 的构造方法进行创建
        Vector v = new Vector(4);
        //向 Vector 中添加元素
        //使用 add 方法直接添加元素
        v.add("Data01");
        v.add("Data02");
        v.add("Data03");
        v.add("Data04");
        v.add("Data05");
        //从 Vector 中删除元素
        v.remove("Data01");//删除指定内容的元素
        v.remove(1);   //按照索引号删除元素
        //获得 Vector 中已有元素的个数
        int size = v.size();
        System.out.println("size:" + size);
        //遍历 Vector 中的元素
        for(int i = 0;i < v.size();i++){
            System.out.println(v.get(i));
        }
    }
}
```

程序运行结果：

```
size:3
Data02
```

Data04

Data05

Vector 类提供了实现可增长数组的功能，随着更多元素加入其中，数组变得更大。在删除一些元素之后，数组变小。

Vector 有三个构造函数：

public Vector(int initialCapacity,int capacityIncrement)

public Vector(int initialCapacity)

public Vector()

第一个构造函数在 Vector 运行时创建一个初始的存储容量 initialCapacity，存储容量是以 capacityIncrement 变量定义的增量增长。初始的存储容量和 capacityIncrement 可以在 Vector 的构造函数中定义。第二个构造函数只创建初始存储容量。第三个构造函数既不指定初始的存储容量也不指定 capacityIncrement。Vector 类提供的访问方法支持类似数组的运算和与 Vector 大小相关的运算。类似数组的运算允许向量中增加、删除和插入元素，也允许测试矢量的内容和检索指定的元素，与大小相关的运算还允许判定字节大小和矢量中元素的数目。

下面对经常用到的向量增加、删除、插入的功能进行介绍。

addElement(Object obj)：把组件加到向量尾部，向量容量比以前大 1。

insertElementAt(Object obj, int index)：把组件加到给定索引处，此后的内容向后移动 1 个单位。

setElementAt(Object obj, int index)：把组件加到给定索引处，此处的内容被代替。

removeElement(Object obj)：把向量中含有本组件的内容移走。

removeAllElements()：把向量中所有组件移走，向量大小为 0。

程序示例：

```java
import java.util.Vector;
public class c1 {
    public static void main(String[] args) {
        Vector v = new Vector();
        v.addElement("10");
        v.addElement("20");
        v.addElement("30");
        v.addElement("40");
        v.addElement("50");
        // 遍历 Vector 中的元素
        for (int i = 0; i < v.size(); i++) {
            System.out.println(v.get(i));
        }
        System.out.println("-----");
        v.insertElementAt("5", 0);
        v.insertElementAt("25", 3);
```

```
            v.setElementAt("100", 4);
            for (int i = 0; i < v.size(); i++) {
                System.out.println(v.get(i));
            }
            System.out.println("-----");
            v.removeAllElements();
            for (int i = 0; i < v.size(); i++) {
                System.out.println(v.get(i));
            }
        }
    }
```

程序运行结果：

```
10
20
30
40
50
-----
5
10
20
25
100
40
50
-----
```

ArrayList 是一个数组队列，相当于动态数组。与 Java 中的数组相比，它的容量能动态增长。ArrayList 的响应速度比 Vector 快，它是非同步的。如果设计涉及多线程，则还是用 Vector 比较好一些。

8.2.6　Stack 类

Stack 类是栈数据结构类。栈的基本特征是先进后出(First In/Last Out, FILO)。Stack 类是 Vector 的一个子类，它实现了一个标准的后进先出的栈。

程序示例：

```
import java.util.EmptyStackException;
import java.util.Stack;
public class c1 {
    public static void main(String[] args) {
```

```
            Stack<Integer> st = new Stack<Integer>();
            System.out.println("堆栈: " + st);
            showpush(st, 11);
            showpush(st, 22);
            showpush(st, 33);
            showpush(st, 44);
            showpop(st);
            showpop(st);
            showpop(st);
            try {
                showpop(st);
            } catch (EmptyStackException e) {
                System.out.println("空栈");
            }
        }
        static void showpush(Stack<Integer> st, int a) {
            st.push(new Integer(a));
            System.out.println("push(" + a + ")");
            System.out.println("堆栈: " + st);
        }
        static void showpop(Stack<Integer> st) {
            System.out.print("pop ->");
            Integer a = (Integer) st.pop();
            System.out.println(a);
            System.out.println("stack: " + st);
        }
    }
}
```

程序运行结果:
```
堆栈: []
push(11)
堆栈: [11]
push(22)
堆栈: [11, 22]
push(33)
堆栈: [11, 22, 33]
push(44)
堆栈: [11, 22, 33, 44]
pop -> 44
堆栈: [11, 22, 33]
```

pop -> 33

堆栈: [11, 22]

pop -> 22

堆栈: [11]

pop -> 11

堆栈: []

8.2.7　Queue 类

Queue 类是队列数据结构类。队列的基本特征是先进先出(First In /First Out，FIFO)。Queue 类中的方法用于完成队列的相关操作。Queue 接口与 List、Set 同一级别，都继承了 Collection 接口。LinkedList 实现了双端队列 Deque 接口。

Queue 类的方法有：

add：增加一个元素，如果队列已满，则抛出一个 IIegaISlabEepeplian 异常。

remove：移除并返回队列头部的元素，如果队列为空，则抛出一个 NoSuch-ElementException 异常。

element：返回队列头部的元素，如果队列为空，则抛出一个 NoSuchElementException 异常。

offer：添加一个元素并返回 true，如果队列已满，则返回 false。

poll：移除并返回队列头部的元素，如果队列为空，则返回 null。

peek：返回队列头部的元素，如果队列为空，则返回 null。

put：添加一个元素，如果队列满，则阻塞。

take：移除并返回队列头部的元素，如果队列为空，则阻塞。

程序示例：

```
import java.util.concurrent.ArrayBlockingQueue;
import java.util.concurrent.BlockingQueue;
import java.util.concurrent.ExecutorService;
import java.util.concurrent.Executors;
public class c1 {
    public static void main(String[] args) {
        c1.testBasket();
    }
    /**
    * 定义装苹果的篮子
    */
    public static class Basket {
        //篮子，能够容纳 3 个苹果
        BlockingQueue<String> basket = new ArrayBlockingQueue<String>(3);
        //生产苹果，放入篮子
```

```java
        public void produce() throws InterruptedException {
            // put 方法放入一个苹果，若 basket 满了，等到 basket 有位置
            basket.put("An apple");
        }
        // 消费苹果，从篮子中取走
        public String consume() throws InterruptedException {
            // take 方法取出一个苹果，若 basket 为空，等到 basket 有苹果为止
            String apple = basket.take();
            return apple;
        }
        public int getAppleNumber() {
            return basket.size();
        }
    }
    //测试方法
    public static void testBasket() {
        //建立一个装苹果的篮子
        final Basket basket = new Basket();
        //定义苹果生产者
        class Producer implements Runnable {
            public void run() {
                try {
                    while (true) {
                        //生产苹果
                        System.out.println("生产者准备生产苹果：" + System.currentTimeMillis());
                        basket.produce();
                        System.out.println("生产者生产苹果完毕：" + System.currentTimeMillis());
                        System.out.println("生产完后有苹果：" + basket.getAppleNumber() + "个");
                        //休眠 300ms
                        Thread.sleep(300);
                    }
                } catch (InterruptedException ex) {
                }
            }
        }
        //定义苹果消费者
        class Consumer implements Runnable {
            public void run() {
                try {
```

```
                    while (true) {
                        //消费苹果
                        System.out.println("消费者准备消费苹果：" + System.currentTimeMillis());
                        basket.consume();
                        System.out.println("消费者消费苹果完毕：" + System.currentTimeMillis());
                        System.out.println("消费完后有苹果：" + basket.getAppleNumber() + "个");
                        //休眠 1000ms
                        Thread.sleep(1000);
                    }
                } catch (InterruptedException ex) {
                }
            }
        }
        ExecutorService service = Executors.newCachedThreadPool();
        Producer producer = new Producer();
        Consumer consumer = new Consumer();
        service.submit(producer);
        service.submit(consumer);
        // 程序运行 10s 后，所有任务停止
        try {
            Thread.sleep(10000);
        } catch (InterruptedException e) {
        }
        service.shutdownNow();
    }
}
```

程序运行结果：

```
生产者准备生产苹果：1561094841253
消费者准备消费苹果：1561094841253
生产者生产苹果完毕：1561094841253
消费者消费苹果完毕：1561094841253
生产完后有苹果：0 个
消费完后有苹果：0 个
生产者准备生产苹果：1561094841554
生产者生产苹果完毕：1561094841554
生产完后有苹果：1 个
生产者准备生产苹果：1561094841854
生产者生产苹果完毕：1561094841854
生产完后有苹果：2 个
```

生产者准备生产苹果：1561094842154

生产者生产苹果完毕：1561094842154

生产完后有苹果：3 个

消费者准备消费苹果：1561094842254

消费者消费苹果完毕：1561094842254

消费完后有苹果：2 个

生产者准备生产苹果：1561094842454

生产者生产苹果完毕：1561094842454

生产完后有苹果：3 个

生产者准备生产苹果：1561094842755

消费者准备消费苹果：1561094843254

消费者消费苹果完毕：1561094843254

消费完后有苹果：3 个

生产者生产苹果完毕：1561094843254

生产完后有苹果：3 个

生产者准备生产苹果：1561094843555

消费者准备消费苹果：1561094844254

消费者消费苹果完毕：1561094844254

生产者生产苹果完毕：1561094844254

消费完后有苹果：3 个

生产完后有苹果：3 个

生产者准备生产苹果：1561094844554

消费者准备消费苹果：1561094845254

消费者消费苹果完毕：1561094845254

生产者生产苹果完毕：1561094845254

消费完后有苹果：3 个

生产完后有苹果：3 个

生产者准备生产苹果：1561094845554

消费者准备消费苹果：1561094846254

消费者消费苹果完毕：1561094846254

生产者生产苹果完毕：1561094846254

消费完后有苹果：3 个

生产完后有苹果：3 个

生产者准备生产苹果：1561094846555

消费者准备消费苹果：1561094847254

消费者消费苹果完毕：1561094847254

生产者生产苹果完毕：1561094847254

生产完后有苹果：3 个

消费完后有苹果：3 个

生产者准备生产苹果：1561094847554

消费者准备消费苹果：1561094848254

消费者消费苹果完毕：1561094848254

生产者生产苹果完毕：1561094848254

消费完后有苹果：3 个

生产完后有苹果：3 个

生产者准备生产苹果：1561094848554

消费者准备消费苹果：1561094849254

消费者消费苹果完毕：1561094849254

消费完后有苹果：2 个

生产者生产苹果完毕：1561094849254

生产完后有苹果：3 个

生产者准备生产苹果：1561094849554

消费者准备消费苹果：1561094850254

消费者消费苹果完毕：1561094850254

生产者生产苹果完毕：1561094850254

消费完后有苹果：3 个

生产完后有苹果：3 个

生产者准备生产苹果：1561094850555

8.2.8　Arrays 类

Arrays 类是针对数组进行操作的工具类，提供了排序、查找等功能。它是 Object 的子类。

Arrays 类的成员方法有：

public static String toString(int[] a)：把数组转成字符串。in[] a 可以改为其他类型的数组。

public static void sort(int[] a)：将各种类型的数组进行升序排序。

public static int binarySearch(int[] a,int key)：将各种类型的数组进行二分查找。

程序示例：

```
import java.util.Arrays;
public class c1 {
    public static void main(String[] args) {
        //定义一个数组
        int[] arr = { 60, -35, -61, 126, 0, 77, -31, 254,-20 };
        // public static String toString(int[] a) 把数组转成字符串
        System.out.println("排序前：" + Arrays.toString(arr));
        // public static void sort(int[] a) 对数组进行排序
        Arrays.sort(arr);
        System.out.println("排序后：" + Arrays.toString(arr));
```

```
        int[] arr2 = { 13, 24, 57, 69, 80 };
        // public static int binarySearch(int[] a,int key)  二分查找
        // binarySearch:2
        System.out.println("binarySearch:" + Arrays.binarySearch(arr2, 57));
        // binarySearch:-6 return -(low+1)
        System.out.println("binarySearch:" + Arrays.binarySearch(arr2, 557));
    }
}
```

程序运行结果：

    排序前：[60, -35, -61, 126, 0, 77, -31, 254, -20]

    排序后：[-61, -35, -31, -20, 0, 60, 77, 126, 254]

    binarySearch:2

    binarySearch:-6

8.2.9   Hashtable 类

Hashtable 类是哈希表类，其功能就是利用哈希表存储数据。哈希表也叫散列表，是根据关键码值(key value)而直接进行访问的数据结构，也就是说，它通过把关键码值映射到表中一个位置来访问记录，以加快查找的速度。这个映射函数叫做哈希函数，存放记录的数组叫做哈希表。

Hashtable 是原始的 java.util 的一部分，是一个 Dictionary 类的具体实现。然而，Java 2 重构的 Hashtable 实现了 Map 接口，因此 Hashtable 现在集成到了集合框架中。Hashtable 和 HashMap 类很相似，但是它支持同步。像 HashMap 一样，Hashtable 在哈希表中存储键值对。当使用一个哈希表时，要指定用作键的对象，以及要链接到该键的值，然后该键经过哈希处理，所得到的散列码被用作存储在该表中值的索引。

Hashtable 定义了四个构造方法：

(1) Hashtable()：默认构造方法。

(2) Hashtable(int size)：创建指定大小的哈希表。

(3) Hashtable(int size,float fillRatio)：创建一个指定大小的哈希表，并且通过 fillRatio 指定填充比例。填充比例必须介于 0.0 和 1.0 之间，它决定了哈希表在重新调整大小之前的充满程度。

(4) Hashtable(Map m)：创建一个以 m 中元素为初始化元素的哈希表。哈希表的容量被设置为 m 的两倍。

Hashtable 中除了 Map 接口定义的方法外，还定义了以下方法：

(1) void clear()：将此哈希表清空，使其不包含任何键。

(2) Object clone()：创建此哈希表的浅表副本。

(3) boolean contains(Object value)：测试此映射表中是否存在与指定值关联的键。

(4) boolean containsKey(Object key)：测试指定对象是否为此哈希表中的键。

(5) boolean containsValue(Object value)：如果此哈希表将一个或多个键映射到此值，则

返回 true。

(6) Enumeration elements()：返回此哈希表中的值的枚举。

(7) Object get(Object key)：返回指定键所映射到的值，如果此映射不包含此键的映射，则返回 null。更确切地讲，如果此映射包含满足 (key.equals(k)) 的从键 k 到值 v 的映射，则此方法返回 v；否则，返回 null。

(8) boolean isEmpty()：测试此哈希表是否没有键映射到值。

(9) Enumeration keys()：返回此哈希表中的键的枚举。

(10) Object put(Object key, Object value)：将指定键映射到此哈希表中的指定值。

(11) void rehash( )增加此哈希表的容量并在内部对其进行重组，以便更有效地容纳和访问其元素。

(12) Object remove(Object key)：从哈希表中移除该键及其相应的值。

(13) int size()：返回此哈希表中的键的数量。

(14) String toString()：返回此哈希表对象的字符串表示形式，其形式为用", " (逗号加空格)分隔开括在括号中的一组 ASCII 字符条目。

程序示例：

```java
import java.util.Enumeration;
import java.util.Hashtable;
public class c1 {
    public static void main(String[] args) {
        //生成一个哈希表
        Hashtable balance = new Hashtable();
        Enumeration names;
        String str;
        double bal;
        balance.put("李媛媛", new Double(1023.56));
        balance.put("赵毅民", new Double(-203.56));
        balance.put("王吉芳", new Double(5246.15));
        balance.put("张开也", new Double(36.54));
        balance.put("吴林姗", new Double(23.58));
        //显示哈希表中的对应值
        names = balance.keys();
        while (names.hasMoreElements()) {
            str = (String) names.nextElement();
            System.out.println(str + ": " + balance.get(str));
        }
        System.out.println("-----");
        //张开也的账号增加 2000
        bal = ((Double) balance.get("张开也")).doubleValue();
        balance.put("张开也", new Double(bal + 2000));
```

```
        System.out.println("张开也的新数值: " + balance.get("张开也"));
    }
}
```

程序运行结果:

```
吴林姗: 23.58
张开也: 36.54
王吉芳: 5246.15
赵毅民: -203.56
李媛媛: 1023.56
-----
张开也的新数值: 2036.54
```

思考和练习

1. Java 中常用的类有哪些?

2. 输出 30°、60° 和 90° 的 sin、cos、tan、cot 三角函数的值。

3. 体育彩票 30 选 6。

(1) 1~30 个数字,每次选择 6 个数字算为一注,每次最多可以选择 5 注。

(2) 选择完后开奖,即随机生成一个 6 位数字的中奖结果。一等奖是押中全部 6 个数字,二等奖是押中其中 5 个数字,三等奖是押中其中 4 个数字,四等奖是押中其中 3 个数字。对比自己的押注,看能获得什么奖励。

(3) 重新修改程序,计算押注多少次能获得一等奖。

4. 用 Vector 类创建数组,实现增加、删除、修改、查询效果。

5. 用 Stack 类创建一个栈,往栈中压入 10 个整数,依次取出栈顶元素并输出,再查找某个对象在栈中的位置。

6. 用 Queue 类创建一个队列,在队列中添加 Mon、Tue、Wed、Thu、Fri、Sat、Sun 七个元素,并依次从队列中取出第一个元素,同时查看队列剩余元素的情况。

7. 用 Arrays 类创建数组{20,−3,45,87,265,−98,102,24,6,0},将排序前后的数组输出,再在数组中确定某个数据是否存在,以及它的位置。

8. 用 Hashtable 类实现班级英语成绩的录入,录入结束,求出最高分、最低分、平均分和标准差(标准差也称为方差的算术平方根,即每个成绩与平均分数差的平方和,再求平方根)。

第 9 章　输入输出操作

每一种编程语言都有输入和输出操作，Java 也不例外。

9.1　流 的 概 念

1．流的含义

数据流是一组有序、有起点和终点的字节集合。Java 中将读取数据的对象称为输入流，将写入数据的对象称为输出流。Java 中流分为两种：一种是字节流，另一种是字符流。字节流是基于二进制字节的输入输出，字节流中的数据以 8 位字节为单位进行读写。InputStream 类和 OutputStream 类是字节流的父类。字符流是基于文本的输入输出，是由能够阅读的字符组成的。字符流中数据以 16 位字符为单位进行读写。Reader 类和 Writer 类是字符流类的父类。InputStream 类和 OutputStream 类、Reader 类和 Writer 类都是抽象类。

2．流的层级结构

字节流中 InputStream 类和 OutputStream 类的层级结构如下：

- InputStream(输入流)
  - StreamBufferInputStream(字符串缓冲区输入流)
  - ByteArrayInputStream(字节数组输入流)
  - FileInputStream(文件输入流)
    - BufferInputStream(带缓冲区输入流)
    - PushbackInputStream(回退输入流)
    - LineNumberInputStream(行号输入流)
    - DataInputStream(数据输入流)
  - FilterInputStream(过滤器输入流)
  - PipedInputStream(管道数入流)
  - SequenceInputStream(顺序输入流)
  - ObjectInputStream(对象输入流)
- OutputStream(输出流)
  - ByteArrayOutputStream(字节数组输出流)
  - FileOutputStream(文件输出流)
  - FilterOutputStream(过滤器输出流)

- BufferOutputStream(带缓冲区输出流)
- PrintOutputStream(回退输出流)
- DataOutputStream(数据输出流)
- PipedOutputStream(管道输出流)
- ObjectOutputStream(对象输出流)

Reader 类和 Writer 类的层级结构如下：

- Reader
  - BufferReader
    - LineNumberReader
  - CharArrayReader
  - InputStreamReader
    - FileReader
  - FilterReader
    - PushbackReader
  - PipedReader
  - StringReader
- Writer
  - BufferWriter
  - CharArrayWriter
  - OutputStreamWriter
    - FileWriter
  - FilterWriter
  - PipedWriter
  - StringWriter

3．标准输入输出流

标准输入输出流有：

System.in：标准输入流。

System.out：标准输出流。

System.err：标准错误输出流。

9.2　File 类

9.2.1　File 类的构造方法

File 类与 InputStream 类和 OutputStream 类是一个系统包。File 类的主要目的是命名文件、查询文件属性和处理文件目录，不涉及访问文件内容。File 类的构造方法有如下几种：

(1) public File(String name)：定义 name 打开的文件，name 可以包含路径信息。例如：

```
File f1=new File("F:\\file\\123.txt");
```

(2) public File(String pathname, String name)：路径和文件名分开定义，pathname 是绝对路径名或者相对路径名，name 是文件名。例如：

```
File f1=new File("F:\\file"，"123.txt");
```

(3) public File(File directory, String name)：使用 File 对象 directory 定义的目录来打开 name 文件。例如：

```
File Dir=new File("F:\\file");
File f1=new File(Dir，" 123.txt");
```

9.2.2　FileInputStream 类和 FileOutputStream 类

FileInputStream 类是 InputStream 类的子类，FileOutputStream 类是 OutputStream 类的子类。InputStream 类和 OutputStream 类都是抽象类，不能直接定义对象，必须通过其子类进行实现。

FileInputStream 类处理文件数据的输入数据流，从文件系统中读取输入的字节数。具体分为以下三个步骤：

(1) 打开输入流；

(2) 使用 read()方法读取数据；

(3) 关闭数据流。

FileOutputStream 类处理文件数据的输出数据流。具体也是分为三个步骤：

(1) 打开输出流；

(2) 使用 write()方法写数据；

(3) 关闭数据流。

程序举例：

```java
package test;
import java.io.FileInputStream;
import java.io.FileOutputStream;
import java.io.IOException;
public class class1 {
    public static void main(String args[]) {
        String Filename_in="G:\\file\\first.txt";        //注意文件路径的双斜杠
        String Filename_out="G:\\file\\second.txt"; //注意文件路径的双斜杠
        try{
            FileInputStream f_in=new FileInputStream(Filename_in);
            FileOutputStream f_out=new FileOutputStream(Filename_out);
            int n=16,count;
            byte buffer[]=new byte[n];
            while((((count=f_in.read(buffer,0,n))!=-1 ) &&(n>0))
            {
```

```
                f_out.write(buffer,0,count);
            }
            System.out.println();
            f_in.close();
            f_out.close();
        }
        catch(IOException    io_err){
            System.out.println(io_err);
        }
        catch(Exception    err){
            System.out.println(err);
        }
    }
}
```

程序运行前，给 G:\file\first.txt 文件中输入一些数据，保持 G:\file\second.txt 文件为空。程序运行后，G:\file\second.txt 文件中的数据与 G:\file\first.txt 文件中的数据相同。

9.2.3　DataInputStream 类和 DataOutputStream 类

DataInputStream 类是 FileInputStream 类的子类，DataOutputStream 类是 FileOutputStream 类的子类。FileInputStream 类和 FileOutputStream 类都是抽象类，不能直接定义对象，必须通过其子类进行实现。与前面讲的 FileInputStream 类和 FileOutputStream 类读取输入流数据和写入输出流数据相比，DataInputStream 类和 DataOutputStream 类读取和写书数据的步骤类似，主要区别在于 DataInputStream 类和 DataOutputStream 类的数据输入流和数据输出流可以允许程序以与机器无关的方式从底层输入数据流中读取或者写入输出数据流中。

DataInputStream 函数列表如下：

```
DataInputStream(InputStream in)
final int read(byte[] buffer, int offset, int length)
final int read(byte[] buffer)
final boolean readBoolean()
final byte readByte()
final char readChar()
final double readDouble()
final float readFloat()
final void readFully(byte[] dst)
final void readFully(byte[] dst, int offset, int byteCount)
final int readInt()
final String readLine()
final long readLong()
```

```
            final short readShort()
            final static String readUTF(DataInput in)
            final String readUTF()
            final int readUnsignedByte()
            final int readUnsignedShort()
            final int skipBytes(int count)
```

其中，readUTF()的作用是从输入流中读取 UTF-8 编码的数据，并以 String 字符串的形式返回。

程序示例：

```java
        import java.io.DataInputStream;
        import java.io.DataOutputStream;
        import java.io.FileInputStream;
        import java.io.FileNotFoundException;
        import java.io.FileOutputStream;
        import java.io.IOException;
        public class c1 {
            public static void main(String[] args) throws Exception { //所有异常抛出
                String name = "李先生";
                int age = 55;
                String email = "123456789@qq.com";
                String phone = "123456789";
                //输入输出流
                FileOutputStream fos = null;
                FileInputStream fis = null;
                DataOutputStream dos = null;
                DataInputStream dis = null;
                try {
                    try {
                            //生成新文件 text
                            fos = new FileOutputStream("g:\\text.txt");
                            dos = new DataOutputStream(fos);
                            //将数据输出到 text 中
                            dos.writeUTF(name);
                            dos.writeInt(age);
                            dos.writeUTF(email);
                            dos.writeUTF(phone);
                            //输入 text 中的数据
                            fis = new FileInputStream("g:\\user.txt");
                            dis = new DataInputStream(fis);
```

```
                           String m_Name = dis.readUTF();
                           int m_Age = dis.readInt();
                           String m_Eamil = dis.readUTF();
                           String m_Phone = dis.readUTF();
                           System.out.println("姓名:" + m_Name + "; 年龄:" + m_Age + "; 邮箱:" + m_Email
                      + "; 电话:" + m_Phone);
                 } catch (FileNotFoundException e) {
                      e.printStackTrace();
                 } catch (IOException e) {
                      e.printStackTrace();
                 }
            } finally {
                 try {
                           fos.close();
                           fis.close();
                           dos.close();
                           dis.close();
                      } catch (IOException e) {
                           e.printStackTrace();
                      }
                 }
            }
       }
```

程序运行结果:

姓名:李先生; 年龄: 55; 邮箱: 123456789@qq.com; 电话: 123456789

9.2.4 随机访问文件

RandomAccessFile 类用来访问那些保存数据记录的文件,可以用 seek()方法来访问记录,并进行读写,这些记录的大小不必相同,但是其大小和位置必须是可知的。该类仅限于操作文件。

RandomAccessFile 类不属于 InputStream 和 OutputStream 类系。实际上,除了实现 DataInput 和 DataOutput 类接口之外(DataInputStream 和 DataOutputStream 类也实现了这两个接口), RandomAccessFile 类和这两个类系毫不相干,甚至不使用 InputStream 和 OutputStream 类中已经存在的任何功能;它是一个完全独立的类,所有方法(绝大多数都只属于它自己)都是从零开始写的。可能是因为 RandomAccessFile 类能在文件里前后移动,所以它的行为与其他的 I/O 类有些根本性的不同。总而言之,它是一个直接继承 Object 的、独立的类。

RandomAccessFile 类的工作方式是,把 DataInputStream 和 DataOutputStream 类结合起来,再加上它自己的一些方法,比如定位用的 getFilePointer()、在文件里移动用的 seek()

以及判断文件大小的 length()、跳过多少字节数的 skipBytes()。此外，它的构造函数还需要一个表示以只读方式("r")还是以读写方式("rw")打开文件的参数。RandomAccessFile 的这种特点与 C 语言的 fopen()函数一模一样。RandomAccessFile 不支持只写文件。

只有 RandomAccessFile 类才有 seek()搜寻方法，而这个方法也只适用于文件。BufferedInputStream 类有一个 mark()方法，可以用它来设定标记(把结果保存在一个内部变量里)，然后再调用 reset()返回这个位置，但是它的功能太弱了，而且也不怎么实用。

RandomAccessFile 类的绝大多数功能已经被 JDK 1.4 中 nio 的内存映射文件(memory-mapped files)取代，所以需要考虑是不是用内存映射文件来代替 RandomAccessFile。

程序示例：

```java
import java.io.RandomAccessFile;
public class c1 {
    public static void main(String[] args) throws Exception { // 所有异常抛出
        RandomAccessFile rf = new RandomAccessFile("g:\\file\\test.dat", "rw");
        for (int i = 0; i < 10; i++) {
            //写入基本类型 double 数据
            rf.writeDouble(i * 25);
        }
        rf.close();
        rf = new RandomAccessFile("g:\\file\\test.dat", "rw");
        //直接将文件指针移到第 5 个 double 数据后面
        rf.seek(5 * 8);
        //覆盖第 6 个 double 数据
        rf.writeDouble(123.5678);
        rf.close();
        rf = new RandomAccessFile("g:\\file\\test.dat", "r");
        for (int i = 0; i < 10; i++) {
            System.out.println("Value " + i + ": " + rf.readDouble());
        }
        rf.close();
    }
}
```

程序运行结果：

```
Value 0: 0.0
Value 1: 25.0
Value 2: 50.0
Value 3: 75.0
Value 4: 100.0
Value 5: 123.5678
Value 6: 150.0
```

Value 7: 175.0

Value 8: 200.0

Value 9: 225.0

9.2.5 Read 类和 Write 类

1．BufferedReader 类

BufferedReader 类所属类库有：java.lang.Object、java.io.Reader、java.io.BufferedReader。
基本概念：定义一个 BufferedReader 类，这个类是继承于 Reader 的。其语法如下：

```
public class BufferedReader    extends Reader
```

BufferedReader 类从字符输入流中读取文本，缓冲各个字符，从而实现字符、数组和行
的高效读取。BufferedReader 类还可以指定缓冲区的大小，或者使用默认的大小。大多数情
况下，缓冲区默认大小已足够大。

通常，Reader 类所作的每个读取请求都会导致对底层字符或字节流进行相应的读取请
求。因此，建议用 BufferedReader 类包装所有其 read()操作可能开销很高的 Reader 类(如
FileReader 和 InputStreamReader 类)。

BufferedReader 类能够读取文本行，通过向 BufferedReader 类传递一个 Reader 对象，
可以创建一个 BufferedReader 对象，之所以这样做是因为 FileReader 类没有提供读取文本
行的功能。以下程序实例通过 BufferedReader 捕获所输入的语句：

```
import java.io.*;
class BufferedReaderDemo{
    public static void main(String[] args)throws IOException {
        BufferedReader bufferedReader =new BufferedReader(
                new InputStreamReader(System.in));
        System.out.print("请输入一系列文字，可包括空格：");
        String text =bufferedReader.readLine();
        System.out.println("输出文字："+text);
    }
}
```

程序中，throws IOException 为抛出异常，InputStreamReader 是字节流通向字符流的
桥梁。

程序运行结果(斜体字是自己输入)：

请输入一系列文字，可包括空格：*这是BufferedReader 程序测试*

输出文字：这是 BufferedReader 程序测试

2．InputStreamReader 类

InputStreamReader 类将字节流转换为字符流，是字节流通向字符流的桥梁。如果不指
定字符集编码，则该解码过程将使用平台默认的字符编码，如 GBK。

构造方法如下：

```
InputStreamReader isr = new InputStreamReader(InputStream in);
```

//构造一个默认编码集的 InputStreamReader 类

InputStreamReader isr = new InputStreamReader(InputStream in,String charsetName);

//构造一个指定编码集的 InputStreamReader 类

参数 in 对象通过 InputStream in = System.in;获得，用来读取键盘上的数据。或者用 InputStream in = new FileInputStream(String fileName);来读取文件中的数据。可以看出，FileInputStream 类为 InputStream 类的子类。

主要方法如下：

int read();//读取单个字符。

int read(char []cbuf);//将读取到的字符存到数组中，返回读取的字符数

程序示例：

```
import java.io.FileInputStream;
import java.io.IOException;
import java.io.InputStream;
import java.io.InputStreamReader;
public class c1 {
public static void main(String[] args) throws Exception { // 所有异常抛出
    /**
        *没有缓冲区，只能使用 read()方法
        */
    //读取字节流
    //InputStream in = System.in;//读取键盘的输入。
    InputStream in = new FileInputStream("g:\\file\\first.txt");  //读取文件的数据
    //将字节流向字符流转换。要启用从字节到字符的有效转换
    //可以提前从底层流读取更多的字节
    InputStreamReader isr = new InputStreamReader(in);   //读取
    //综合到一句
    //InputStreamReader isr = new InputStreamReader(
    //new FileInputStream("g:\\file\\first.txt"));
    char []cha = new char[1024];
    int len = isr.read(cha);
    System.out.println(new String(cha,0,len));
    isr.close();
    }
}
```

程序运行结果：

序号	名称	型号	价格
1	三星手机	SA1203	3000.00
2	华为手机	HW3001	5000.00
3	苹果手机	A2503	4500.00

当然，输出的就是 g:\file\first.txt 文件中的内容。

3. InputStreamReader 类和 BufferedReader 类真实案例(非编码集)

程序示例：

```java
import java.io.BufferedInputStream;

import java.io.BufferedReader;

import java.io.FileInputStream;

import java.io.FileNotFoundException;

import java.io.IOException;

import java.io.InputStreamReader;

public class c1 {

    public static void main(String[] args) throws Exception { // 所有异常抛出

        try {

            //读取文件，并且以 utf-8 的形式写出去

            BufferedReader bufread;

            InputStreamReader inputSteam = new InputStreamReader(

                ResourceHelper.getResourceInputStream("g:\\file\\first.txt"));

            String read;

            bufread = new BufferedReader(inputSteam);

            while ((read = bufread.readLine()) != null) {

                System.out.println(read);

            }

            bufread.close();

        } catch (FileNotFoundException ex) {

            ex.printStackTrace();

        } catch (IOException ex) {

            ex.printStackTrace();

        }

    }

}

class ResourceHelper {

    /** * @param resourceName * @return * @return */

    static BufferedInputStream getResourceInputStream(String resourceName) {

        try {

            return new BufferedInputStream(new FileInputStream(resourceName));

        } catch (FileNotFoundException e) {

            // TODO Auto-generated catch block

            e.printStackTrace();

        }

        return null;
```

```
        }
    }
```

程序运行结果：

序号	名称	型号	价格
1	三星手机	SA1203	3000.00
2	华为手机	HW3001	5000.00
3	苹果手机	A2503	4500.00

当然，输出的就是 g:\file\first.txt 文件中的内容。

9.2.6　IOException 类的子类

IOException 类的继承关系如下：

java.lang.Object

　└ java.lang.Throwable

　　　└ java.lang.Exception

　　　　　└ java.io.IOException

当发生某种 I/O 异常时，抛出此异常。此类是失败或中断的 I/O 操作生成的异常的通用类。IOException 类包含多个子类，其中直接已知子类有：

ChangedCharSetException

CharacterCodingException

CharConversionException

ClosedChannelException

EOFException

FileLockInterruptionException

FileNotFoundException

FilerException

HttpRetryException

IIOException

InterruptedIOException

InvalidPropertiesFormatException

JMXProviderException

JMXServerErrorException

MalformedURLException

ObjectStreamException

ProtocolException

RemoteException

SaslException

SocketException

SSLException

SyncFailedException

UnknownHostException

UnknownServiceException

UnsupportedDataTypeException

UnsupportedEncodingException

UTFDataFormatException

ZipException

详细情况读者可以参考网上资料，这里不再赘述。

思 考 和 练 习

1．熟悉 InputStream 输入流和 OutputStream 输出流。

2．熟悉 Reader 和 Writer 的体系结构。

3．用 File 类建立文件 d:\file\text1.txt，给文件输入 5 行字符串，并且将文件内容输出。

4．将表 9-1 中的数据输入到文件 Data.txt 并保存，再从文件中读出显示。

表 9-1 习题 4 的表

序 号	名 称	型 号	价 格	产 地
1	洗衣机	MH2016	1050	广州
2	电冰箱	Y1203/23	2300	深圳
3	电视机	BX12-89	3500	西安
4	吸尘器	VC1026-9	1800	宝鸡

第 10 章　数据库操作

　　每一种编程语言都有数据库操作，Java 也不例外。Java 中数据库的操作采用 JDBC。JDBC 是由 Java 编程语言编写的类及接口组成的，同时它为程序开发人员提供了一组用于实现对数据库进行访问的 JDBC API，并支持 SQL 语言。利用 JDBC 可以将 Java 代码连接到 Oracle、DB2、SQL Server、MySQL 等数据库，从而实现对数据库中的数据操作的目的。下面进行详细介绍。

10.1　ODBC

　　开放数据库互连(Open Database Connectivity，ODBC)是微软公司视窗开放服务结构(Windows Open Services Architecture，WOSA)中有关数据库的一个组成部分，它建立了一组规范，并提供了一组对数据库访问的标准 API(应用程序编程接口)。这些 API 利用 SQL 来完成其大部分任务。ODBC 本身也提供了对 SQL 语言的支持，用户可以直接将 SQL 语句送给 ODBC。ODBC 相当于应用程序与数据库驱动之间的一个通用接口。

　　ODBC 操作数据库时，必须要有 ODBC 数据源名称(Data Source Name)。数据源是唯一标识数据库管理系统(DBMS)或是数据库操作系统的一个组合。应用程序通过标准 API 连接数据源，因此开发过程中不需指定特定的数据库系统，数据库系统的开放性由此被建立。在计算机系统进入开放时代时，我们能够体会到标准的建立与系统的发展是同样重要的。而信息系统架构在数据库的必要性也随着信息化社会的蓬勃发展而显得更加重要，因此在 ODBC 标准日益成熟的同时，我们也可以感受到数据库系统在开放架构下，更需扮演强而有力的角色。

　　要使用 ODBC 操作数据库，首先需要建立一个数据库。这里以 SQL Server 2008 为例说明。如图 10-1 所示，打开 SQL Server 2008 数据库系统。

图 10-1　打开 SQL Server 2008 数据库系统

在 SQL Server 2008 数据库系统中新建数据库 MyTest，并在该数据库中建立表 MyTable，字段如图 10-2 所示。可以在数据库中提前输入一些数据，用于测试。

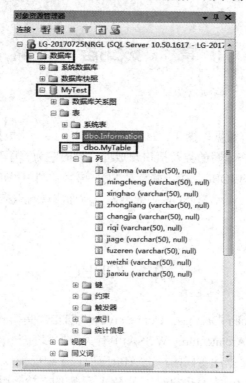

图 10-2　新建数据库和表

在 Windows 操作系统中建立数据源的操作过程如下：

(1) 如图 10-3 所示，打开控制面板，选择"管理工具"。

图 10-3　打开控制面板中的管理工具

(2) 如图 10-4 所示，点击"数据源(ODBC)"。

图 10-4　打开数据源(ODBC)

(3) 如图 10-5 所示，点击"添加"按钮。

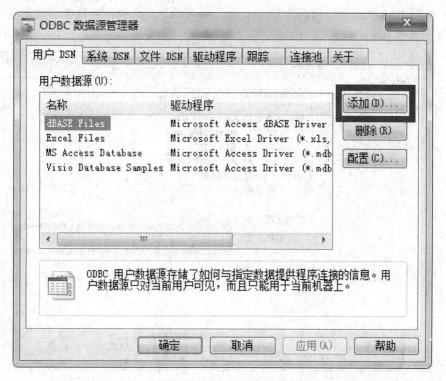

图 10-5　添加 ODBC 数据源

(4) 如图 10-6 所示，选择"SQL Server"后，点击"完成"按钮。

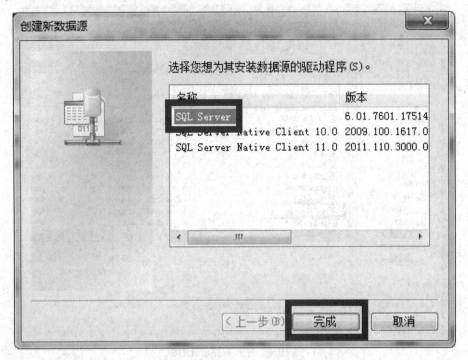

图 10-6　添加 SQL Server 数据源

(5) 如图 10-7 所示，给自己的 ODBC 起一个名称，再选择需要连接的数据库的位置，点击"下一步"按钮。

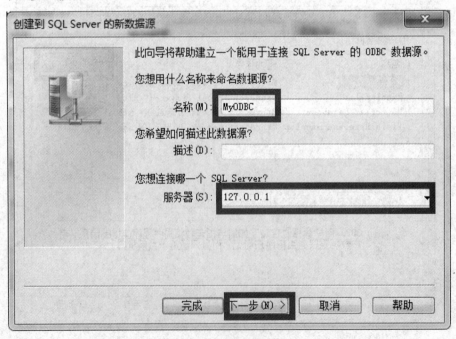

图 10-7　输入 ODBC 名称和添加 SQL Server 数据源的地址

(6) 如图 10-8 所示，输入需要连接的数据库的用户名和密码，点击"下一步"按钮。

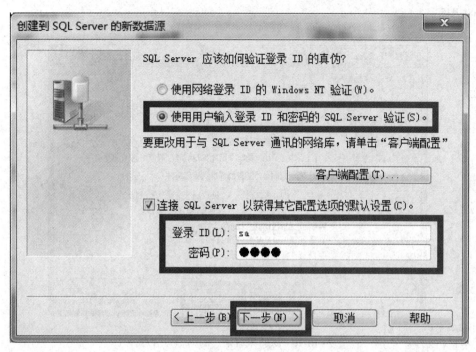

图 10-8　输入 SQL Server 数据库用户名和密码

(7) 如图 10-9 所示，选择要连接的数据库，点击"下一步"按钮。

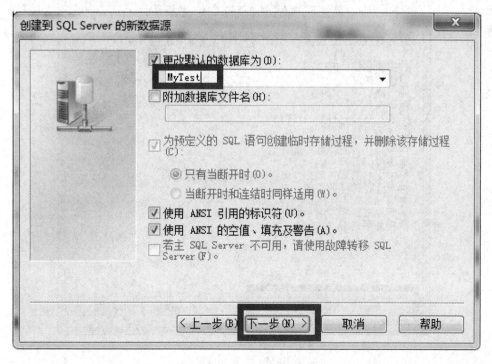

图 10-9　选择要连接的数据库

(8) 如图 10-10 所示，选择系统消息的语言等信息，点击"完成"按钮。出现如图 10-11 所示的界面。

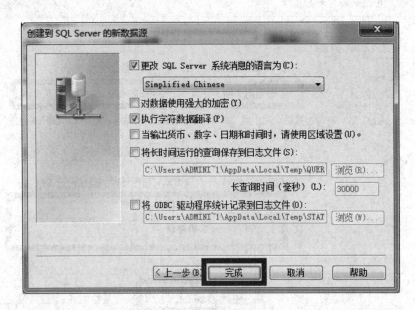

图 10-10　选择系统消息的语言等信息

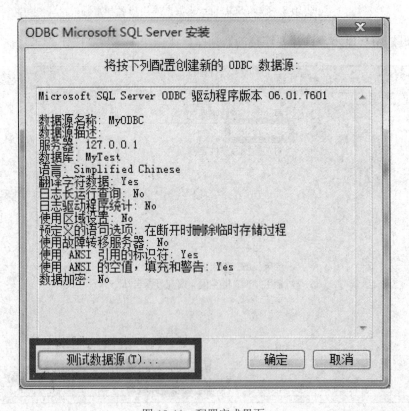

图 10-11　配置完成界面

(9) 点击"测试数据源",检查数据库的配置是否正确。如果出现如图 10-12 所示的界面,则点击两次"确定"按钮完成配置。

图 10-12　"测试数据源"检查配置是否正确

最后可以在数据源中看到我们配置的 ODBC,如图 10-13 所示,这就表示配置正确,可以使用这个 ODBC 进行下一步的 Java 数据库编程了。

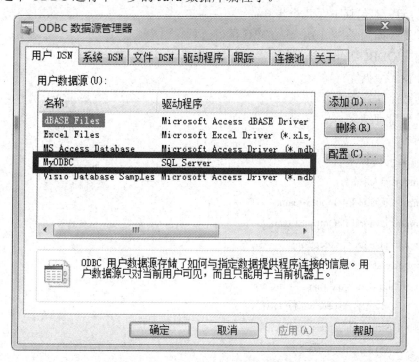

图 10-13　增加的 ODBC 数据源

10.2   JDBC

10.2.1   ODBC 的缺点

虽然 ODBC 是目前应用比较广泛的建立数据库访问的标准 API，但是它还是存在着一些缺点：

(1) ODBC 的实现是用 C 语言编写的，不太适合在 Java 中使用。它在安全性、完整性和健壮性方面都有一些缺点。

(2) ODBC 是用 C 语言编写的，在 C 语言中大量地使用了指针，而这些指针最容易出错。

(3) ODBC 比较难于掌握，它将简单和复杂的功能混合在一起了。

(4) ODBC 需要专门的手动配置过程。

10.2.2   JDBC

正是由于 ODBC 以上缺点的存在，所以 Java 系统开发了 JDBC 来代替 ODBC。JDBC 代码在所有 Java 平台上都可以自动安装、移植，从而使其安全性、完整性和健壮性得到了保证。

JDBC 和数据库在连接时采用 JDBC-ODBC 桥接器，这样就可以让 JDBC 访问任何数据库了。访问一般包括下面几个步骤：

(1) 设置数据源(参见 10.1 节 ODBC 配置过程)；

(2) 建立 ODBC-JDBC 桥接器；

(3) 连接到数据库；

(4) 向数据库发送 SQL 语句；

(5) 处理查询结果。

程序举例：

```
package test;
import java.sql.*;
import java.io.FileInputStream;
import java.io.FileOutputStream;
import java.io.IOException;
public class class1 {
    public static void main(String args[]) {
        My_DB db1=new My_DB();
        String tabName="MyTable";
        db1.OpenDatabase();
        db1.insertRecord(tabName, "'1014','服务器','H123','20','华为','2018-11-11','2000.00','李云蕾','
```

```
办公室','否'");
            db1.showRecord(tabName, " * ", null);
            db1.closeDatabase();
        }
    }
    class My_DB{
        String uid = "sa";
        String pwd = "root";
        String t=null;
        int count=0;
        String ClassName ="net.sourceforge.jtds.jdbc.Driver";
        String connStr ="jdbc:jtds:sqlserver://localhost:1433/MyTest";
        Connection con=null;
        private PreparedStatement pstm = null;
        Statement stmt = null;
        ResultSet rs=null;
        ResultSetMetaData rsmd=null;
        public void OpenDatabase()
        {
            try{
                Class.forName(ClassName);
            }
            catch(java.lang.ClassNotFoundException e){
                System.err.println("名称错误"+e.getMessage());
            }
            try{
                con = DriverManager.getConnection(connStr, uid, pwd);
            }
            catch(SQLException e){
                System.err.println("连接错误"+e.getMessage());
            }
        }
        public void insertRecord(String tableName, String string1)
        {
            String sql=new String("INSERT INTO ");
            sql=sql.concat(tableName+" VALUES(" +string1 +")");
            try{
                pstm = con.prepareStatement(sql);
                count = pstm.executeUpdate();
```

```
            }
            catch(SQLException e){
                System.err.println("连接错误 2"+e.getMessage());
            }
    }
    public void showRecord(String tableName, String fieldList,String string1)
    {
        String sql=" SELECT "+ fieldList +" FROM " + tableName;
        try{
            pstm = con.prepareStatement(sql);
            ResultSet rs = pstm.executeQuery();
            ResultSetMetaData rsmd = rs.getMetaData();
            while(rs.next())
            {
                for(int i=1;i<=rsmd.getColumnCount();i++)
                {
                    System.out.print(rs.getObject(i)+"\t");
                }
                System.out.println();
            }
        }
        catch(SQLException e){
            System.err.println("显示错误 1"+e.getMessage());
        }
    }
    public void closeDatabase()
    {
        try{
            //rs.close();
            //stmt.close();
            con.close();
        }
        catch(SQLException e){
            System.err.println("连接错误"+e.getMessage());
        }
    }
}
```

程序运行结果：

1001	服务器	H123	20	华为	2018-11-11	2000.00	李云蕾	办公室	否
1012	服务器	H123	20	华为	2018-11-11	2000.00	李云蕾	办公室	否
1013	服务器	H123	20	华为	2018-11-11	2000.00	李云蕾	办公室	否
014	服务器	H123	20	华为	2018-11-11	2000.00	李云蕾	办公室	否
1111	空调1	1234561	500	格力	2017-09-01	1000001	李鑫1	家	有

当然，运行程序前需要在 SQL Server 中建立数据库 MyTest。

思考和练习

1. 熟悉 ODBC 和 JDBC 的概念。

2. 熟悉 Windows 操作系统中建立 ODBC 数据源的操作过程。

3. 熟悉 ODBC 和 JDBC 的概念。

4. 熟悉 Java 连接 SQL Server 数据库的方法和语句。

5. 熟悉 Java 连接 MySQL 数据库的方法和语句。

6. 在 SQL Server 数据库中建立如表 10-1 所示的表，并将表中的数据输入数据库，再用 Java 程序连接数据库，从数据库中读出并显示这些数据。

表 10-1　习题 6 的表

序号	名称	型号	价格	产地
1	洗衣机	MH2016	1050	广州
2	电冰箱	Y1203/23	2300	深圳
3	电视机	BX12-89	3500	西安
4	吸尘器	VC1026-9	1800	宝鸡

第 11 章　移动手机 APP 开发

　　本章介绍如何利用前面学习的 Java 编程技术，开发一个可实际应用的移动手机 APP 软件。本书不介绍 Android 编程的基础知识，关于 Android 编程的基础知识可参见相关书籍。

11.1　在 Eclipse 中生成 Android APP 项目

　　在 Eclipse 中生成 Android APP 项目的步骤如下：

　　(1) 在 Eclipse 的主菜单 File 中选取 "New"，如图 11-1 所示。

　　(2) 接着选取下级菜单 "Project…"，如图 11-2 所示。

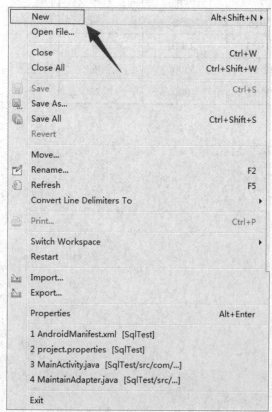

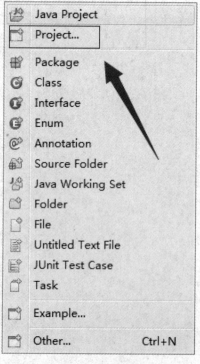

图 11-1　File 菜单选取 "New"　　　　　　　图 11-2　选取 New 中的 "Project"

(3) 选取"Android Application Project"，如图 11-3 所示。

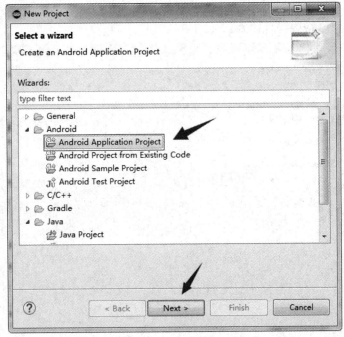

图 11-3　选取"Android Application Project"

(4) 点击"Next"按钮，出现如图 11-4 所示的界面，输入应用程序和项目名称。注意输入项目名称时，内容同时出现在工程名称中，如果需要，可以修改后者。在这个界面，还可以选取最小需要的 SDK、目标 SDK 和编译需要的 SDK，根据需要进行选择。但是一定要注意，编译的 SDK 版本必须要高于现有手机的 SDK 版本。

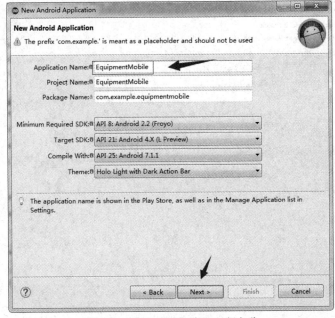

图 11-4　输入项目名称和工程名称

　　(5) 点击"Next"按钮，出现如图 11-5 所示的界面。在该界面上可以选取生成客户发射器图标、生成 activity 等内容，但是最主要的是该界面上可以生成工作空间中的项目，并选取工作空间的目录位置进行保存。

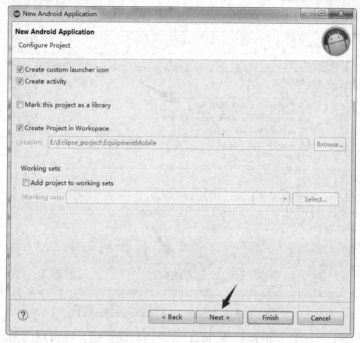

图 11-5　生成工作空间的项目

　　(6) 点击"Next"按钮，出现如图 11-6 所示的界面。在该界面上可以选取 APP 程序的图标、背景范围、形状和背景颜色等。不需修改则可以保持默认。

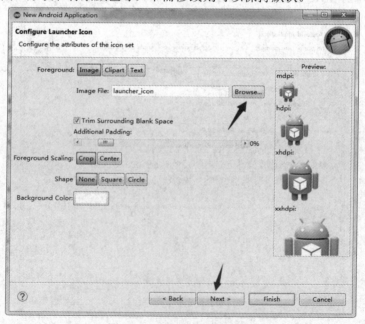

图 11-6　选取 APP 的图标等

(7) 点击"Next"按钮，出现如图 11-7 所示的界面。在该界面上可以选取生成什么样式的 Activity。不需修改则可以保持默认。

图 11-7 生成什么样式的 Activity

(8) 点击"Next"按钮，出现如图 11-8 所示的界面。在该界面上可以修改 Activity 和 Layout 的名称，不修改时可以保持默认。点击"Finish"按钮完成项目的建立。

图 11-8 修改 Activity 和 Layout 的名称

（9）生成的项目如图 11-9 所示。

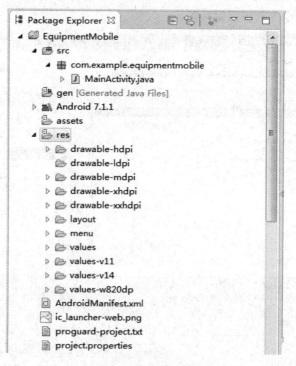

图 11-9　生成的项目

（10）如果程序没有什么错误，则可以将该程序发布到手机上运行测试，我们以华为手机为例进行介绍。先将手机连接到电脑上，安装驱动，根据提示点击安装即可。安装之后，右击"计算机"→"设备管理器"可以看到"Android Phone"，如图 11-10 所示。

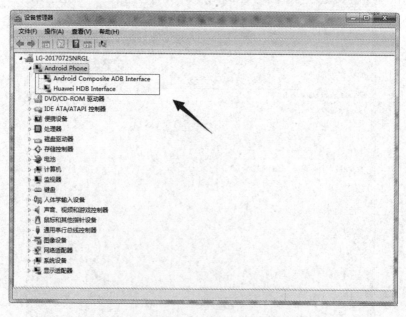

图 11-10　计算机设备管理器中的手机连接状况

注意：必须提前将手机中"设置"→"应用程序"→"开发"中的"USB 调试"选中，如图 11-11 所示。

(11) 程序发布到手机上运行测试的过程是：选取项目名称，右键选取"Run As"，如图 11-12 所示。出现如图 11-13 所示的界面，选取第一项"Android Application"。出现如图 11-14 所示的界面，如果手机连接没有问题，则界面中就会出现图 11-14 中 Serial Number 等内容的一条记录。选取该条记录，点击"OK"按钮。这时，在 Eclipse 开发界面可以看到如图 11-15 所示的含有"Success！"提示的内容，然后在连接的手机上就会出现发布的程序，如图 11-16 所示。

图 11-11　华为手机 USB 调试设置和发布图标

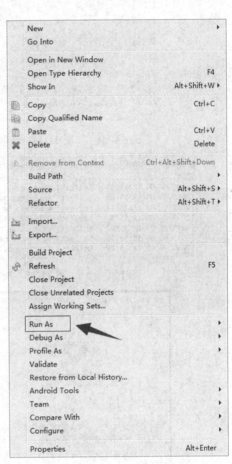

图 11-12　运行手机 APP 项目

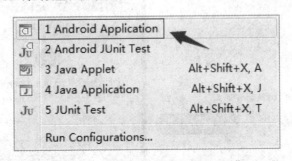

图 11-13　选取"Android Application"

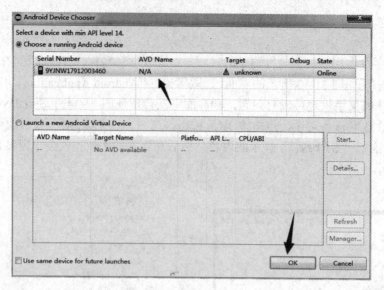

图 11-14　选取"Android Application"

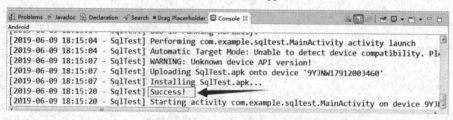

图 11-15　Eclipse 的 Console 中内容

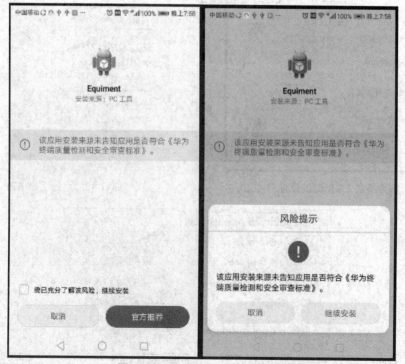

图 11-16　华为手机发布程序时的界面

(12) 程序发布到手机上的结果如图 11-17 所示。

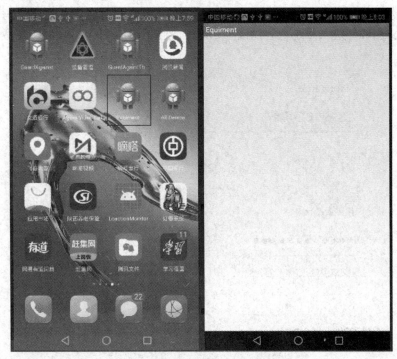

图 11-17 程序发布的图标和结果

到此，项目生成结束。如果生成的项目有错误，就像作者生成的程序，那么就按照下面方法进行处理。也就是首先保证项目运行起来。

(1) 将 values-v11 文件 styles.xml 中

        \<style name="AppBaseTheme" parent="Theme.AppCompat.Light"\>

修改为

        \<style name="AppBaseTheme" parent="android:Theme.Light"\>

(2) 将 values-v14 文件 styles.xml 中

        \<stylename="AppBaseTheme" parent="Theme.AppCompat.Light.DarkActionBar"\>

修改为

        \<style name="AppBaseTheme" parent="android:Theme.Light"\>

(3) 将 values 文件 styles.xml 中

        \<style name="AppBaseTheme" parent="Theme.AppCompat.Light"\>

修改为

        \<style name="AppTheme" parent="AppBaseTheme"\>

将 menu 文件 main.xml 中的 app:showAsAction="never" 删除掉。

11.2 模 拟 器

除了将程序直接发布到自己的手机上测试外，还可以在计算机上安装模拟器进行测试。

下面介绍安卓模拟器的安装和配置。

(1) 首先在 Genymotion 官网 http://www.genymotion.net/注册一个账号。有账号则可以直接点击"Sign in"进入系统查看，没有账号则点击"Create an account"生成一个账号，如图 11-18 所示。

图 11-18　Genymotion 官网账号

(2) 打开 https://www.genymotion.com/download/进行下载。选择 with VirtualBox 的版本进行下载，如图 11-19 所示。

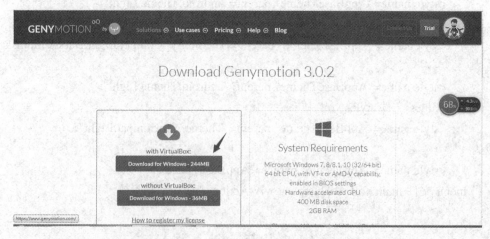

图 11-19　Genymotion 官网下载页面

(3) 下载 Genymotion 模拟器，点击"Browse…"按钮可以确定本机的安装位置，点击"Next"按钮，如图 11-20 所示。

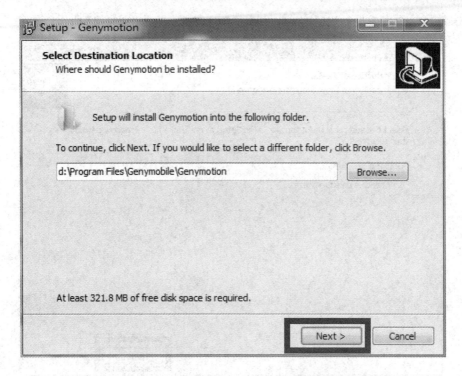

图 11-20　确定 Genymotion 在本机的安装位置

(4) 选择启动菜单文件夹，点击"Next"按钮，如图 11-21 所示。

图 11-21　选择启动菜单文件夹

(5) 选择是否生成桌面快捷方式，点击"Next"按钮，如图 11-22 所示。

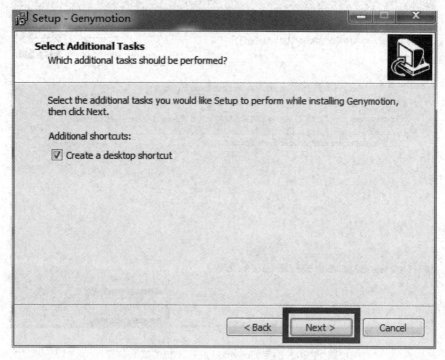

图 11-22　选择桌面快捷方式

(6) 准备安装，点击"Install"按钮，如图 11-23 所示。

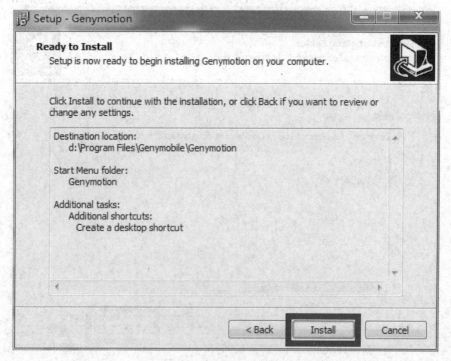

图 11-23　准备安装

(7) 安装过程如图 11-24 所示。

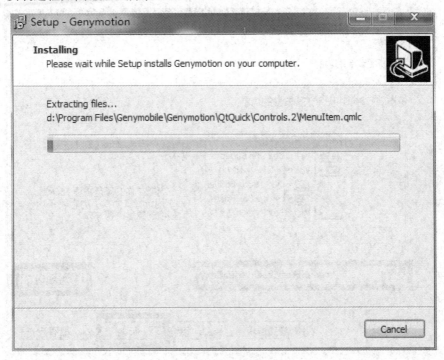

图 11-24　安装过程

(8) 接下来安装 Oracle VM VirtualBox，点击"下一步"按钮，如图 11-25 所示。

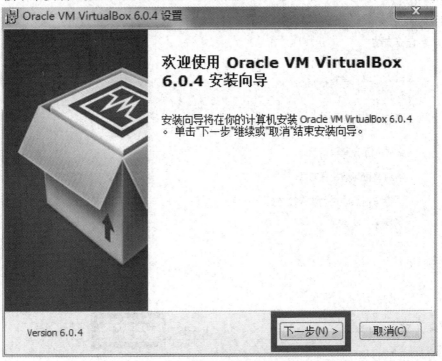

图 11-25　安装 Oracle VM VirtualBox

(9) 选择 Oracle VM VirtualBox 安装位置，点击"下一步"按钮，如图 11-26 所示。

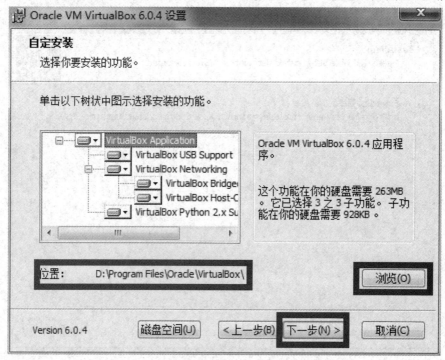

图 11-26　Oracle VM VirtualBox 安装位置

(10) 选择安装功能，点击"下一步"按钮，如图 11-27 所示。

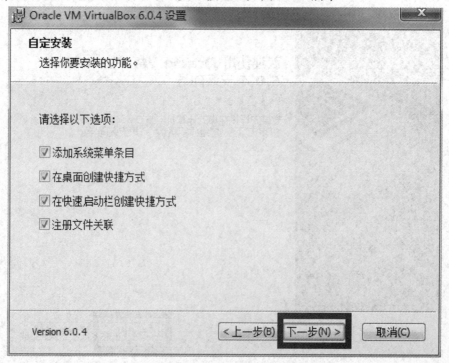

图 11-27　选择安装功能

(11) 确定立即安装，点击"是"按钮，如图 11-28 所示。

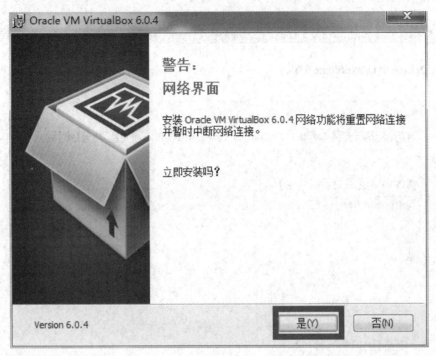

图 11-28 确定立即安装

(12) 确定开始安装，点击"安装"按钮，如图 11-29 所示。

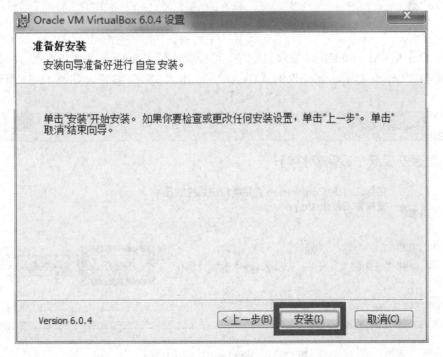

图 11-29 确定开始安装

(13) Oracle VM VirtualBox 安装过程中显示的界面如图 11-30 所示。

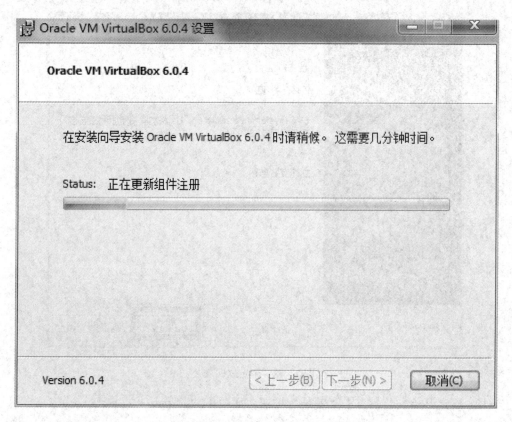

图 11-30　Oracle VM VirtualBox 正在安装

(14) Oracle VM VirtualBox 安装过程中，可能会出现 Windows 系统安全提示，选择"始终信任来自"Oracle Corporation"的软件(A)"，点击"安装"按钮，如图 11-31 所示。

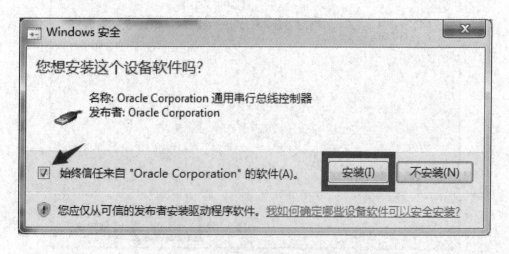

图 11-31　Windows 系统安全提示

(15) 最后出现 Oracle VM VirtualBox 安装完成界面，点击"完成"按钮，如图 11-32 所示。

图 11-32 Oracle VM VirtualBox 安装完成

(16) 出现如图 11-33 所示的界面后，确定是否发布 Genymotion，如果选择发布，则点击"Finish"按钮。

图 11-33 选择发布，完成安装

(17) 系统提示 VirtualBox 已经发布，如图 11-34 所示。

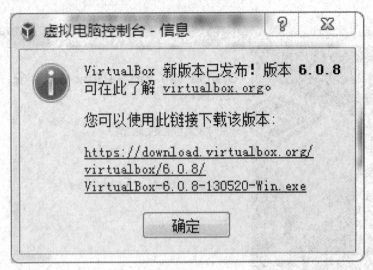

图 11-34　系统提示 VirtualBox 已经发布

(18) 接着在如图 11-35 所示的 Genymotion 发布界面选择 "Login"，进行账号登录。输入账号后，点击 "NEXT" 按钮，也可以选择 "CREATE ACCOUNT" 生成新的账号。

图 11-35　Genymotion 账号登录

(19) 在如图 11-36 所示的界面选择"Personal Use"。如果已购买了 license，则可以选择"I have a license"。

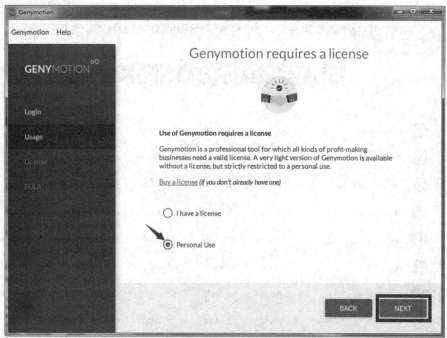

图 11-36 选择购买的 Genymotion 的 license

(20) 用户 license 结束，同意声明，点击"NEXT"按钮，如图 11-37 所示。

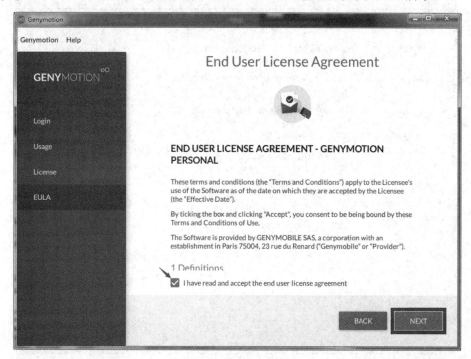

图 11-37 同意声明

(21) 接下来出现如图 11-38 所示的界面,选择 "Genymotion" 中的 "Settings"。进入设置界面,在界面左侧选择 "ADB",在界面右侧选择 "Use custom Android SDK tools",点击 "BROWSE" 按钮,设置 "Android SDK" 的本地 SDK 路径,如图 11-39 所示。

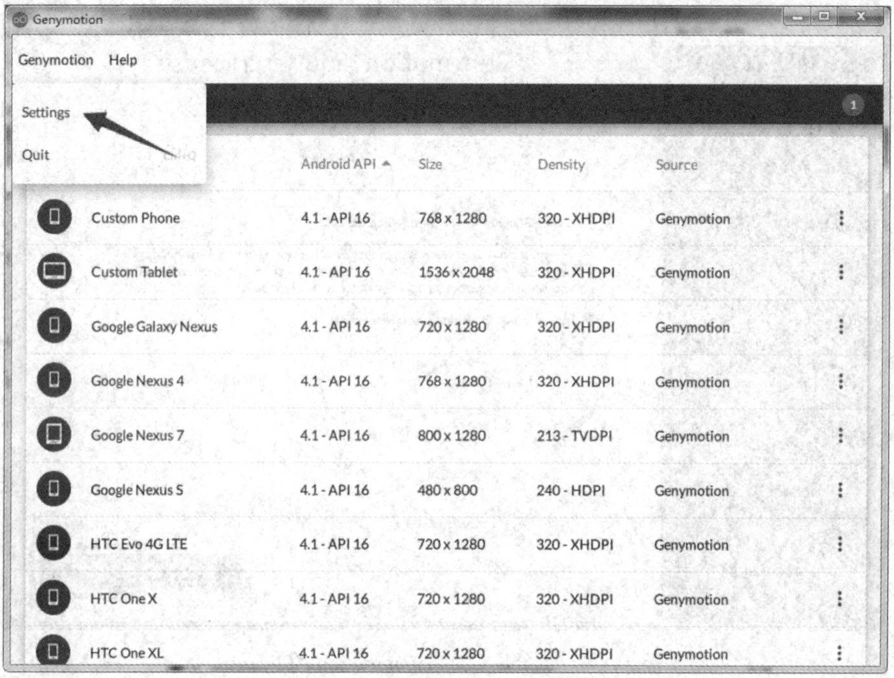

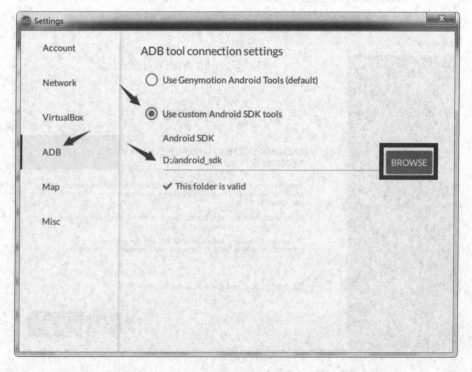

图 11-38 打开 Genymotion 的设置

图 11-39 Genymotion 的 ADB 连接工具设置和 Android SDK 路径选择

(22) 图 11-40 列出了 Genymotion 可以安装的虚拟器设备。选择一个设备双击，选择
"INSTALL"进行安装。虚拟设备安装过程如图 11-41 所示，安装根据网络连接情况，可
能需要持续几分钟甚至几十分钟。安装好的虚拟设备如图 11-42 所示。

图 11-40　Genymotion 中安装虚拟设备

图 11-41　虚拟设备安装过程

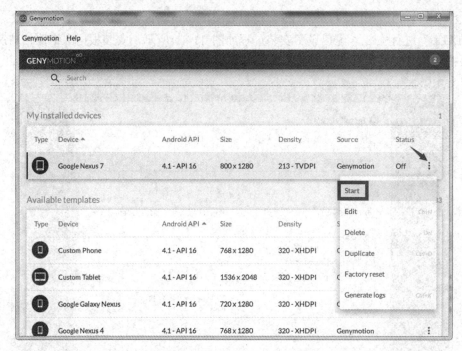

图 11-42　安装好的虚拟设备

　　(23) 在图 11-42 中选择安装好的虚拟设备，点击最右端的三个点号，选择"Start"启动虚拟设备。系统经过如图 11-43 所示的虚拟设备启动过程。启动后的虚拟设备如图 11-44 界面所示，就好像一个手机屏幕界面。

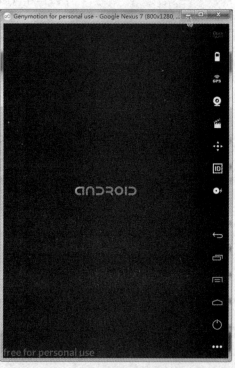

图 11-43　启动虚拟设备的过程　　　　　　　　　　　　图 11-44　启动后的虚拟设备

(24) 接下来的工作就简单了，按照图 11-12 和图 11-13 所提示的方法，在 Eclipse 平台上启动生成的项目，就会出现如图 11-45 所示的界面，在图中的上面框中会出现刚才我们安装的虚拟设备明细，选择该设备，点击"OK"按钮。程序发布如图 11-46 所示的界面。至此，模拟器安装测试完毕。

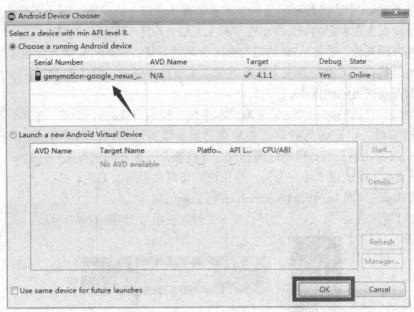

图 11-45　选择虚拟设备

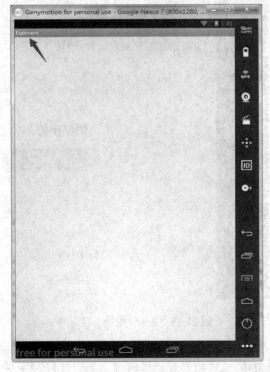

图 11-46　程序发布

11.3 访问其他数据库系统上的数据库

关于在 Eclipse 中连接数据库是一个非常值得认真思考的问题。因为不像在计算机上，数据库系统就安装在自己的机器上，在手机上，APP 程序一般访问的是服务器上的数据库。

从大的方面来分，手机 APP 访问数据库有两种方式：一是访问别人数据库系统上的数据库，二是访问自己数据库系统上的数据库。本节先介绍第一种访问数据库的方法，即访问别人数据库系统上的数据库。

某些公司在自己的网站上安装了数据库系统，提供公众公开访问。这里不需要用户去安装服务器系统，用户访问时只需要建立自己的数据库和表即可。BaaS(后端即服务：Backend as a Service)公司为移动应用开发者提供整合云后端的边界服务，这里面的一个代表就是 Bmob。下面就以 Bmob 为例，介绍这种访问数据库的形式。

(1) 到 Bmob 官网 https://www.bmob.cn/注册新的账号。

(2) 账号登录进去后，选择"应用"→"创建应用"，如图 11-47 所示。

图 11-47　Bmob 账号创建应用

在出现如图 11-48 所示的界面中输入应用名称，选择应用类型，选择开发版本(除过开发版外，其他需要支付费用)。这里是让读者练习，所以选择开发版，点击"创建应用"。

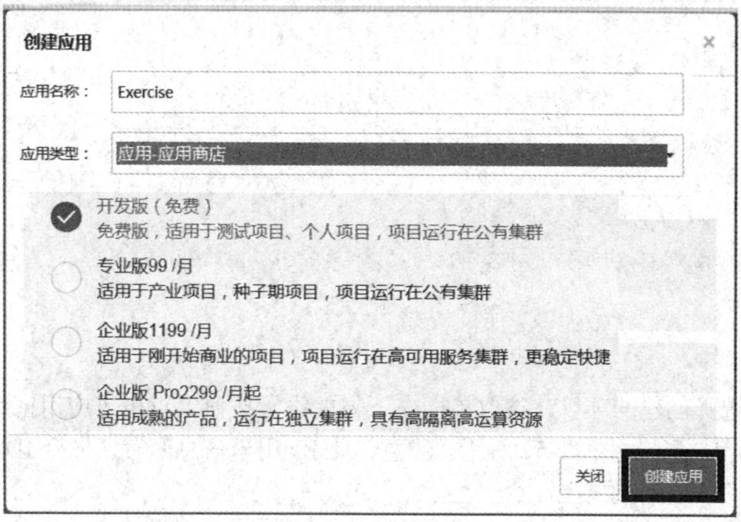

图 11-48　创建应用界面

这时就可以在界面上看到自己创建的应用了，如图 11-49 所示。

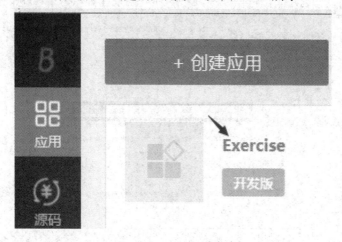

图 11-49　应用创建成功

双击自己创建的应用，就可以在此应用下添加自己的表了，如图 11-50 所示。接下来的内容就简单了，如图 11-51 所示是作者在其他创建应用中添加的表和数据，此处不再赘述。

图 11-50　应用中的添加表

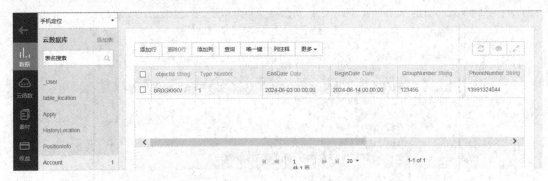

图 11-51   应用中添加的表和数据

(3) 双击选择创建的项目，选取界面左下方的设置按钮，点击"应用密钥"，就能够看到 Application ID 了，如图 11-52 所示。注意，此 ID 用于信息配置。一个 ID 唯一对应一个应用，即唯一对应一个数据库。

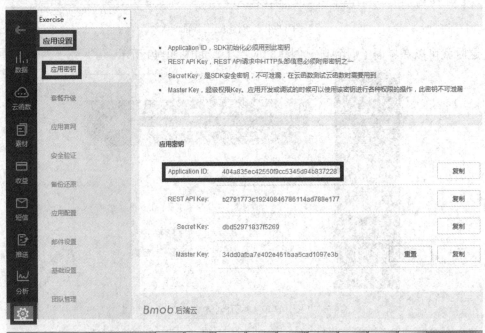

图 11-52   Bmob 数据库的 Application ID

将 Application ID 复制到在 Eclipse 平台上创建项目的应用程序启动的 Activity 的 onCreate( )方法中，初始化 Bmob 功能，代码如下：

```
Bmob.initialize(this, "Your Application ID");
```

程序示例：

```
package com.where.wheredemo;
import java.io.IOException;
public class LoginActivity extends Activity {
    @Override
    protected void onCreate(Bundle savedInstanceState) {
```

```
super.onCreate(savedInstanceState);
setContentView(R.layout.activity_login);
Bmob.initialize(this, "404a835ec42550f9cc5345d94b837228");
```

（4）Eclipse 项目中的 APP 还需要集成 Bmob 的 SDK。在 Bmob 主页上点击下载，找到 Android 图标，点击 demo 程序，如 11-53 所示。解压缩后，就可以在目录中找到相应的 SDK 文件，如图 11-54 所示，将这些文件及目录中的文件复制到自己的项目中即可，如图 11-55 所示。

图 11-53　Bmob 主页下载 SDK

图 11-54　下载解压后的本地 SDK

图 11-55　复制 SDK 到自己项目的 lib 目录

（5）在需要使用的应用程序的 AndroidManifest.xml 文件中添加相应的权限，程序如下：

```
<uses-permission android:name="android.permission.INTERNET" />
<uses-permission android:name="android.permission.ACCESS_NETWORK_STATE" />
<uses-permission android:name="android.permission.ACCESS_WIFI_STATE" />
<uses-permission android:name="android.permission.WAKE_LOCK" />
```

<uses-permission android:name="android.permission.WRITE_EXTERNAL_STORAGE" />

<uses-permission android:name="android.permission.READ_PHONE_STATE" />

以上过程操作完毕，即可实现将 Bmob 数据库与手机 APP 相关联，进行相应的数据操作。至此，Bmob 后端云服务器就配置完成了。下面是一个登录界面访问 Bmob 数据库的程序示例，图 11-56 是登录界面截图。Bmob 数据库中的 FormalAccout 表结构如表 11-1 所示。

图 11-56　登录的手机 APP 界面

表 11-1　FormalAccout 表结构

序号	字段名称	数据类型	是否主键	功能描述
1	objectID	String	是	行对象 ID
2	Pic	String	否	头像地址
3	GroupNumber	String	否	群号码
4	GroupName	String	否	群名称
5	PhoneNumber	String	否	手机号码
6	SelfName	String	否	自己名称
7	Type	String	否	类型
8	Master	String	否	是否群主
9	BeginDate	String	否	开始日期
10	EndDate	String	否	结束日期
11	Note	String	否	注释
12	SeleDepart	String	否	自己部门
13	Department	String	否	所有部门
14	GroupPic	String	否	群头像地址
15	Password	String	否	密码

主程序如下：

```
//LoginActivity.java
//登录界面程序(部分)
private EditText phone;                    //电话号码
private EditText group_number;             //群号码文本框
private EditText group_name;               //群名称文本框
private EditText self_name;                //群中自己的名称文本框
private EditText group_password;           //密码
private int m_Groups=0;                    //该手机参加的总群数
//登录界面，开始登录
public void login(View view) {
    if (phone.getText().toString().equals("")) {
        Toast.makeText(LoginActivity.this, "请输入手机号", Toast.LENGTH_SHORT).show();
    } else {
        if (isNetworkConnected(LoginActivity.this)) {
            if (isMobileNO(phone.getText().toString())) {
            //查询该手机参加了多少个群,有一条电话记录就有一个群
            //正式表查重
            //FormalAccout 是数据库中一个表名，PHONENUMBER 是字段名
            BmobQuery<FormalAccout> query2 = new BmobQuery<FormalAccout>();
            query2.addWhereEqualTo(FormalAccout.PHONENUMBER, phone.getText().toString());
            query2.findObjects(LoginActivity.this, new FindListener<FormalAccout>() {
                @Override
                public void onSuccess(List<FormalAccout> arg21) {
                    //TODO 自动生成的方法存根 formal
                    m_Groups = arg21.size();
                    String val = Integer.toString(m_Groups);
                    MyData.setGroupsTotal(val);   // MyData 类的定义见主程序后
                }
                @Override
                public void onError(int arg0, String arg1) {
                    //TODO 自动生成的方法存根
                    Toast.makeText(LoginActivity.this, "查询测试表失败！系统查询出现故障！",
                    Toast.LENGTH_SHORT).show();
                }
            });
            } else {
                Toast.makeText(getApplicationContext(), "手机号格式错误",
                Toast.LENGTH_SHORT).show();
```

```
                }
            } else
            {
                Toast.makeText(getApplicationContext(), "网络连接异常",
                Toast.LENGTH_SHORT).show();
            }
        }
    }
```

//主程序调用的方法之一，判断是否有网络连接

```java
    private boolean isNetworkConnected(Context context) {
        if (context != null) {
            ConnectivityManager mConnectivityManager = (ConnectivityManager) context
                    .getSystemService(Context.CONNECTIVITY_SERVICE);
            NetworkInfo mNetworkInfo = mConnectivityManager.getActiveNetworkInfo();
            if (mNetworkInfo != null) {
                return mNetworkInfo.isAvailable();
            }
        }
        return false;
    }
```

//主程序调用的方法之一，判断一个子串是否是电话号码

```java
    private static boolean isMobileNO(String mobiles) {
        Pattern p = Pattern.compile("^((13[0-9])|(15[^4,\\D])|(18[0,5-9]))\\d{8}$");
        Matcher m = p.matcher(mobiles);
        System.out.println(m.matches() + "---");
        return m.matches();
    }
```

// ==

//下面是上面主程序中 MyData 类的定义

//MyData.java

```java
package com.where.entity;
import android.app.Application;
import android.graphics.Bitmap;
public class MyData extends Application {
    private static String GroupNumber, GroupName, PhoneNumber, SelfName, Type, Master,
        BeginDate, EndDate, Note, Pic;
    // public static Bitmap Bitmap=null;Groups
    private static String GroupsTotal;// 参加的群的个数
    private static String Department; // 部门
```

```java
private static String StartPoint, EndPoint;
private static int StartLat, StartLog, EndLat, EndLog;
// =====================================群号码
public static String getGroupNumber() {
    return GroupNumber;
}
public static void setGroupNumber(String GroupNumber) {
    MyData.GroupNumber = GroupNumber;
}
// =====================================群名称
public static String getGroupName() {
    return GroupName;
}
public static void setGroupName(String GroupName) {
    MyData.GroupName = GroupName;
}
// =====================================电话号码
public static String getPhoneNumber() {
    return PhoneNumber;
}
public static void setPhone(String PhoneNumber) {
    MyData.PhoneNumber = PhoneNumber;
}
// =====================================自己名称
public static String getSelfName() {
    return SelfName;
}
public static void setSelfName(String SelfName) {
    MyData.SelfName = SelfName;
}
// =====================================//类型
public static String getType() {
    return Type;
}
public static void setType(String Type) {
    MyData.Type = Type;
}
// =====================================//群主
public static String getMaster() {
```

```java
        return Master;
    }
    public static void setMaster(String Master) {
        MyData.Master = Master;
    }
    // ===================================开始日期
    public static String getBeginDate() {
        return BeginDate;
    }
    public static void setBeginDate(String BeginDate) {
        MyData.BeginDate = BeginDate;
    }
    // ===================================结束 日期
    public static String getEndDate() {
        return EndDate;
    }
    public static void setEndDate(String EndDate) {
        MyData.EndDate = EndDate;
    }
    // ===================================注释
    public static String getNote() {
        return Note;
    }
    public static void setNote(String Note) {
        MyData.Note = Note;
    }
    // ===================================头像
    public static String getPic() {
        return Pic;
    }
    public static void setPic(String Pic) {
        MyData.Pic = Pic;
    }
    // ===================================本手机参加的群总数
    public static String getGroupsTotal() {
        return GroupsTotal;
    }
    public static void setGroupsTotal(String GroupsTotal) {
        MyData.GroupsTotal = GroupsTotal;
```

```
    }
    // ====================================自己所属部门名称
    public static String getDepartment() {
        return Department;
    }
    public static void setDeparment(String str_department) {
        // TODO Auto-generated method stub
        MyData.Department = str_department;
    }
    // ==================================== //增加：导航起始点
    public static String getStartPoint() {
        return StartPoint;
    }
    public static void setStartPoint(String str_StartPoint) {
        // TODO Auto-generated method stub
        MyData.StartPoint = str_StartPoint;
    }
    // ==================================== //增加：导航起始点纬度
    public static int getStartLat() {
        return StartLat;
    }
    public static void setStartLat(int str_StartLat) {
        // TODO Auto-generated method stub
        MyData.StartLat = str_StartLat;
    }
    // ==================================== //增加：导航起始点经度
    public static int getStartLog() {
        return StartLog;
    }
    public static void setStartLog(int str_StartLog) {
        // TODO Auto-generated method stub
        MyData.StartLog = str_StartLog;
    }
    // ==================================== //增加：导航终点
    public static String getEndPoint() {
        return EndPoint;
    }
    public static void setEndPoint(String str_EndPoint) {
        // TODO Auto-generated method stub
```

```
        MyData.EndPoint = str_EndPoint;
    }
    // ===================================== //增加：导航终点纬度
    public static int getEndLat() {
        return EndLat;
    }
    public static void setEndLat(int str_EndLat) {
        // TODO Auto-generated method stub
        MyData.EndLat = str_EndLat;
    }
    // ===================================== //增加：导航重点经度
    public static int getEndLog() {
        return EndLog;
    }
    public static void setEndLog(int str_EndLog) {
        // TODO Auto-generated method stub
        MyData.EndLog = str_EndLog;
    }
}
//下面是登录界面的布局文件
//activity_login.xml
<?xml version="1.0" encoding="utf-8"?>
<RelativeLayout xmlns:android="http://schemas.android.com/apk/res/android"
    android:layout_width="match_parent"
    android:layout_height="match_parent"
    android:background="@drawable/mainpage">
    <TextView
        android:id="@+id/login_title"
        android:layout_width="match_parent"
        android:layout_height="50dp"
        android:background="@color/brown"
        android:gravity="center_horizontal|center_vertical"
        android:text="西安三宜科技"
        android:textColor="@color/white"
        android:textSize="20sp" />
        <!-- 三宜科技 logo -->
        <ImageView
            android:id="@+id/logo_image"
            android:layout_width="100dp"
```

```
                    android:layout_height="100dp"
                    android:layout_below="@id/login_title"
                    android:layout_marginTop="5sp"
                    android:layout_alignLeft="@id/login_title"
                    android:src="@drawable/logo" />
            <Button
                android:id="@+id/apply_button"
                android:layout_width="80sp"
                android:layout_height="40sp"
                android:layout_alignRight="@id/login_title"
                android:layout_below="@+id/login_title"
                android:layout_marginLeft="10sp"
                android:layout_marginTop="5sp"
                android:background="@drawable/pic20"
                android:onClick="apply_groups"
                android:text="申请群号" />
            <ImageView
                android:id="@+id/choose_image_image"
                android:layout_width="100dp"
                android:layout_height="100dp"
                android:layout_gravity="center_horizontal"
                android:layout_marginTop="120dp"
                android:layout_centerHorizontal="true"
                android:src="@drawable/face" />
            <RelativeLayout
                android:id="@+id/login_body"
                android:layout_width="wrap_content"
                android:layout_height="wrap_content"
                android:layout_marginTop="15dp"
                android:layout_centerHorizontal="true">
            <LinearLayout
                android:layout_width="wrap_content"
                android:layout_height="wrap_content"
                android:orientation="vertical">
            <EditText
                    android:id="@+id/login_phone"
                    android:layout_width="wrap_content"
                    android:layout_height="wrap_content"
                    android:layout_alignParentTop="true"
```

```
                android:layout_centerHorizontal="true"

                android:layout_marginTop="220dp"

                android:ems="12"

                android:hint="输入手机号"

                android:lines="1"

                android:numeric="integer"

                android:text="" />

    <requestFocus />

    <EditText

                android:id="@+id/group_number"

                android:layout_width="wrap_content"

                android:layout_height="wrap_content"

                android:layout_alignParentTop="true"

                android:layout_below="@+id/login_phone"

                android:layout_centerHorizontal="true"

                android:layout_marginTop="5sp"

                android:ems="12"

                android:hint="输入群号"

                android:lines="1"

                android:numeric="integer"

                android:text=""

                android:visibility="gone"/>

    <EditText

                android:id="@+id/group_name"

                android:layout_width="wrap_content"

                android:layout_height="wrap_content"

                android:layout_alignParentTop="true"

                android:layout_below="@+id/group_number"

                android:layout_centerHorizontal="true"

                android:layout_marginTop="5sp"

                android:ems="12"

                android:hint="群名称(自动输入)"

                android:lines="1"

                android:text=""/>

    <EditText

                android:id="@+id/group_selfname"

                android:layout_width="wrap_content"

                android:layout_height="wrap_content"

                android:layout_alignParentTop="true"
```

```
        android:layout_below="@+id/group_name"
        android:layout_centerHorizontal="true"
        android:layout_marginTop="5sp"
        android:ems="12"
        android:visibility="gone"
        android:hint="自己名称"
        android:enabled="false"
        android:lines="1"
        android:text="" />
<EditText
        android:id="@+id/group_password"
        android:layout_width="wrap_content"
        android:layout_height="wrap_content"
        android:layout_alignParentTop="true"
        android:layout_below="@+id/group_selfname"
        android:layout_centerHorizontal="true"
        android:layout_marginTop="5sp"
        android:ems="12"
        android:hint="密码"
        android:lines="1"
        android:text="" />
<LinearLayout
    android:layout_width="wrap_content"
    android:layout_height="wrap_content"
    android:layout_below="@+id/group_department"
    android:orientation="horizontal">
<Button
        android:id="@+id/enroll_button"
        android:layout_width="80sp"
        android:layout_height="40sp"
        android:layout_centerHorizontal="true"
        android:layout_marginTop="5dp"
        android:background="@drawable/pic3"
        android:onClick="enroll"
        android:text="注册" />
    <Button
        android:id="@+id/login_button"
        android:layout_width="80sp"
        android:layout_height="40sp"
```

```
                            android:layout_centerHorizontal="true"
                            android:layout_marginLeft="90sp"
                            android:layout_marginTop="5dp"
                            android:background="@drawable/pic4"
                            android:onClick="login"
                            android:text="登录"/>
                </LinearLayout>
            </LinearLayout>
        </RelativeLayout>
    </RelativeLayout>


//下面是主程序的配置文件
//AndroidManifest.xml
<?xml version="1.0" encoding="utf-8"?>
<manifest xmlns:android="http://schemas.android.com/apk/res/android"
    package="com.where.wheredemo"
    android:versionCode="1"
    android:versionName="1.0">
    <uses-sdk
        android:minSdkVersion="8"
        android:targetSdkVersion="16" />
    <application
        android:allowBackup="true"
        android:icon="@drawable/logo"
        android:label="@string/app_name"
        android:theme="@android:style/Theme.Light.NoTitleBar">
        <meta-data
            android:name="com.baidu.lbsapi.API_KEY"
            android:value="6zO7QmZavwtawFVEhkaBolQj7weGP0Xq">
        </meta-data>
        <service
            android:name="com.baidu.navi.location.f"
            android:enabled="true"/>
        <service
            android:name="com.baidu.location.f"
            android:enabled="true"
            android:process=":remote">
        </service>
        <service android:name="com.amap.api.location.APSService"></service>
```

```xml
<meta-data android:name="com.amap.api.v2.apikey"
    android:value="0c95f18fb6c9549eadd5649c3ce91c3c">
</meta-data>
<activity
    android:name=".FirstActivity"
    android:label="@string/app_name"
    android:configChanges="orientation|keyboardHidden|screenSize">
    <intent-filter>
        <action android:name="android.intent.action.MAIN" />
        <category android:name="android.intent.category.LAUNCHER" />
    </intent-filter>
</activity>
<activity
    android:name="com.where.wheredemo.LoginActivity"
    android:label="@string/app_name">
</activity>
<activity
    android:name="com.where.wheredemo.RegisterActivity"
    android:label="@string/app_name">
</activity>
<activity
    android:name="com.where.wheredemo.MainActivity"
    android:label="@string/app_name">
</activity>
<activity
    android:name="com.where.wheredemo.CreateQunActivity"
    android:label="@string/app_name">
</activity>
<activity
    android:name="com.where.wheredemo.ZhuActivity"
    android:label="@string/app_name">
</activity>
<activity
    android:name="com.where.wheredemo.HistoryActivity"
    android:label="@string/app_name">
</activity>
<activity
    android:name="com.where.wheredemo.PhoneListActivity"
    android:label="@string/app_name">
```

```xml
        </activity>
        <activity
            android:name="com.where.wheredemo.SingleLocationActivity"
            android:label="@string/app_name">
        </activity>
        <activity
            android:name="com.where.wheredemo.QunInfoActivity"
            android:label="@string/app_name">
        </activity>
        <activity
            android:name="com.where.wheredemo.MessageManaActivity"
            android:label="@string/app_name">
        </activity>
        <activity
            android:name="com.where.wheredemo.FuncMenu"
            android:label="@string/app_name">
        </activity>
        <activity
            android:name="com.where.wheredemo.ListMember"
            android:label="@string/app_name">
        </activity>
        <activity
            android:name="com.where.wheredemo.ListMembers"
            android:label="@string/app_name">
        </activity>
        <activity
            android:name="com.where.wheredemo.PinnedHeaderExpandableAdapter"
            android:label="@string/app_name">
        </activity>
        <activity
            android:name="com.where.wheredemo.PinnedHeaderExpandableListView"
            android:label="@string/app_name">
        </activity>
        <activity
            android:name="com.where.wheredemo.Enroll"
            android:label="@string/app_name">
        </activity>
        <activity
            android:name="com.where.wheredemo.Picture"
```

```
            android:label="@string/app_name">
</activity>
<activity
        android:name="com.where.wheredemo.SelectPicPopupWindow"
        android:label="@string/app_name">
</activity>
<activity
        android:name="com.where.wheredemo.StepCounterActivity"
        android:screenOrientation="portrait"
        android:label="@string/app_name">
</activity>
<activity
        android:name="com.where.wheredemo.SplashActivity"
        android:label="@string/app_name">
</activity>
<activity
        android:name="com.where.wheredemo.StartActivity"
        android:label="@string/app_name">
</activity>
<activity
        android:name="com.where.wheredemo.SettingsActivity"
        android:screenOrientation="portrait"
        android:label="@string/app_name">
</activity>
<service android:name="com.where.wheredemo.StepCounterService" />
        <!-- 声明百度定位 API 的定位服务 -->
<activity
        android:name="com.where.wheredemo.AllLocationActivity"
        android:label="@string/app_name">
</activity>
<activity
        android:name="com.where.wheredemo.HistoryTimeActivity"
        android:label="@string/app_name">
</activity>
<activity
        android:name="com.where.wheredemo.HistoryLocationActivity"
        android:label="@string/app_name">
</activity>
<activity
```

```
        android:name="com.where.wheredemo.ShouYeActivity"
        android:label="@string/app_name">
</activity>
<activity
        android:name="com.where.wheredemo.ApplyGroup"
        android:label="@string/app_name">
</activity>
<activity
        android:name="com.where.wheredemo.MyData"
        android:label="@string/app_name">
</activity>
<activity
        android:name="com.where.run.DataQuery"
        android:label="@string/app_name">
</activity>
<activity
        android:name="app.ui.activity.DistanceComputeActivity"
        android:label="@string/app_name">
</activity>
<activity
        android:name="com.where.wheredemo.ActivityBaidu"
        android:label="@string/app_name">
</activity>
<activity
        android:name="com.where.location.DialogActivity"
        android:theme="@android:style/Theme.Translucent.NoTitleBar">
</activity>
<activity
        android:name="com.where.navi.ActivityNavi0"
        android:label="@string/app_name">
</activity>
<activity
        android:name="com.where.navi.ActivityNavi1"
        android:label="@string/app_name">
</activity>
<activity
        android:name="com.where.navi.RouteGuideDemo"
        android:configChanges="orientation|screenSize|keyboard|keyboardHidden"
        android:label="@string/title_route_guide_demo">
```

```xml
        <intent-filter>
            <action android:name="android.intent.action.MAIN" />
            <category android:name="android.intent.category.BAIDUNAVISDK_DEMO" />
        </intent-filter>
    </activity>
    <activity
        android:name="com.where.navi.BNavigatorActivity"
        android:configChanges="orientation|screenSize|keyboard|keyboardHidden"/>
    <activity
        android:name="com.where.navi.RoutePlanDemo"
        android:configChanges="orientation|screenSize|keyboard|keyboardHidden"
        android:label="@string/title_route_plan_demo">
        <intent-filter>
            <action android:name="android.intent.action.MAIN" />
            <category android:name="android.intent.category.BAIDUNAVISDK_DEMO" />
        </intent-filter>
    </activity>
    <!--凤凰卫视和视频 监控： -->
    <activity
        android:name="com.where.video.MediaPlayerDemo_Video"
        android:label="@string/app_name">
    </activity>
    <activity
        android:name="com.where.video.MediaPlayerSubtitle"
        android:label="@string/app_name">
    </activity>
    <!--凤凰卫视和视频 监控： -->
    <activity
        android:name="io.vov.vitamio.activity.InitActivity"
        android:configChanges="orientation|screenSize|smallestScreenSize| keyboard|
            keyboardHidden|navigation"
        android:launchMode="singleTop"
        android:theme="@android:style/Theme.NoTitleBar"
        android:windowSoftInputMode="stateAlwaysHidden" />
    <!-- 在 manifest 中进行一个静态注册： -->
    <receiver
        android:name=".SingleLocationActivity"
        android:permission="android.permission.BROADCAST_SMS">
        <intent-filter android:priority="2147483647">
```

```xml
                                <action android:name="android.provider.Telephony.SMS_RECEIVED" />
                                <action android:name="android.provider.Telephony.SMS_RECEIVED_2" />
                                <action android:name="android.provider.Telephony.GSM_SMS_RECEIVED" />
                                    <!-- 这里是写死的，参见官方文档 -->
                                <category android:name="android.intent.category.DEFAULT" />
                        </intent-filter>
                </receiver>
        </application>
        <uses-permission android:name="android.permission.ACCESS_LOCATION_EXTRA_COMMANDS" />
        <uses-permission android:name="android.permission.ACCESS_MOCK_LOCATION" />
                    <!--用于进行网络定位-->
        <uses-permission android:name="android.permission.ACCESS_COARSE_LOCATION">
        </uses-permission>
        <!--用于访问 GPS 定位-->
        <uses-permission android:name="android.permission.ACCESS_FINE_LOCATION">
        </uses-permission>
        <!--获取运营商信息，用于支持提供运营商信息相关的接口-->
        <uses-permission android:name="android.permission.ACCESS_NETWORK_STATE">
        </uses-permission>
        <!--用于访问 wifi 网络信息，wifi 信息会用于进行网络定位-->
        <uses-permission android:name="android.permission.ACCESS_WIFI_STATE">
        </uses-permission>
        <!--这个权限用于获取 wifi 的获取权限，wifi 信息会用来进行网络定位-->
        <uses-permission android:name="android.permission.CHANGE_WIFI_STATE">
        </uses-permission>
        <!--用于访问网络，网络定位需要上网-->
        <uses-permission android:name="android.permission.INTERNET"></uses-permission>
        <!--用于读取手机当前的状态-->
        <uses-permission android:name="android.permission.READ_PHONE_STATE">
        </uses-permission>
        <!--写入扩展存储，向扩展卡写入数据，用于写入缓存定位数据-->
        <uses-permission android:name="android.permission.WRITE_EXTERNAL_STORAGE">
        </uses-permission>
        <!--保持 CPU 运转，屏幕和键盘灯有可能是关闭的，用于文件上传和下载 -->
        <uses-permission android:name="android.permission.WAKE_LOCK" />
        <!-- 电源管理权限 -->
        <uses-permission android:name="android.permission.READ_LOGS" />
        <uses-permission android:name="android.permission.VIBRATE" />
    <uses-permission android:name="android.permission.CHANGE_CONFIGURATION" />
```

```
<uses-permission android:name="android.permission.WRITE_SETTINGS" />
<uses-permission android:name="android.permission.MOUNT_UNMOUNT_FILESYSTEMS" />
```
<!-- 获取设置信息和详情页直接拨打电话需要以下权限 -->
```
<uses-permission android:name="android.permission.CALL_PHONE"></uses-permission>
<uses-permission android:name="android.permission.WRITE_SETTINGS" />
<uses-permission android:name="android.permission.READ_PHONE_STATE"/>
<uses-permission android:name="android.permission.MOUNT_UNMOUNT_FILESYSTEMS" />
<uses-permission android:name="android.permission.BAIDU_LOCATION_SERVICE" />
<uses-permission android:name="android.permission.ACCESS_COARSE_LOCATION" />
<uses-permission android:name="android.permission.ACCES_MOCK_LOCATION" />
<uses-permission android:name="android.permission.ACCESS_FINE_LOCATION" />
<uses-permission android:name="com.android.launcher.permission.READ_SETTINGS" />
<uses-permission android:name="android.permission.CHANGE_WIFI_STATE" />
<uses-permission android:name="android.permission.ACCESS_WIFI_STATE" />
<uses-permission android:name="android.permission.ACCESS_GPS" />
```
<!-- SDK1.5需要 android.permission.GET_TASKS 权限判断本程序是否为当前运行的应用? -->
```
<uses-permission android:name="android.permission.GET_TASKS" />
<uses-permission android:name="android.permission.WRITE_EXTERNAL_STORAGE" />
<uses-permission android:name="android.permission.BROADCAST_STICKY" />
<uses-permission android:name="android.permission.WRITE_SETTINGS" />
```
<!-- 来电消音 -->
```
<uses-permission android:name="android.permission.PROCESS_OUTGOING_CALLS" />
<uses-permission android:name="android.permission.READ_PHONE_STATE" />
<uses-permission android:name="android.permission.MODIFY_AUDIO_SETTINGS" />
<uses-permission android:name="android.permission.RECORD_AUDIO" />
<uses-permission android:name="android.permission.SEND_SMS" />
<uses-permission android:name="android.permission.RECEIVE_SMS" />
```
<!-- 拦截短信(就是接收短信的权限) -->
```
<uses-permission android:name="android.permission.READ_SMS" />
<uses-permission android:name="android.permission.WRITE_SMS" />
<uses-permission android:name= "android.permission.RECEIVE_WAP_PUSH" />
<uses-permission android:name="android.permission.RECEIVE_MMS" />
```
<!-- 开机启动完成后就开始接收(可选权限) -->
```
<uses-permission android:name="android.permission.RECEIVE_BOOT_COMPLETED" />
```
<!-- 这里没有设置 android:enable 和 android:exported 属性，参考官方文档 -->
<!-- 这里的优先级为 1000，假定你手机中没有安装其他第三方短信拦截软件，如 360 等，否则其他第三方软件拦截权限过高导致你的应用程序拦截不到短信 -->
```
<uses-permission android:name="android.permission.READ_EXTERNAL_STORAGE" />
</manifest>
```

11.4 访问自己数据库系统上的数据库

本节介绍第二种访问数据库的方法，即访问自己计算机或者自己服务器上数据库系统中的数据库。这种访问方法比较简单，但是也要注意程序要编写正确，一般都是固定格式。例如，访问 MySql 数据库连接方法和 SQL Server 的数据库连接方法如下：

```
//mysql  数据库连接方法
private String drive = "com.mysql.jdbc.Driver";
//数据库的地址:3306/数据库名";
private String connStr = "jdbc:mysql:      //sql.m163.vhostgo.com:3306/sanyee";
private static String uid = "xxxxxx";        //访问自己数据库的用户名
private static String pwd = "yyyyyy";        //访问自己数据库的密码


//下面是访问 SQL Server 的数据库方法
private String drive = "net.sourceforge.jtds.jdbc.Driver";
//数据库的地址:1433/数据库名";
private String connStr="jdbc:jtds:sqlserver:      //例如，本地 IP: 192.168.1.29:1433/wlf_WaterMgt";
private static String uid =   "xxxxxx";            //访问自己数据库的用户名
private static String pwd = "yyyyyy";             //访问自己数据库的密码
```

下面是连接数据库的一个程序示例。程序的主要功能是对公司的所有设备进行巡检，也就是巡检员手机上安装的 APP 程序，可以对每一台车辆设备进行现场巡检，记录设备的状态和拍照上传至数据库，程序的主要界面如图 11-57 所示。

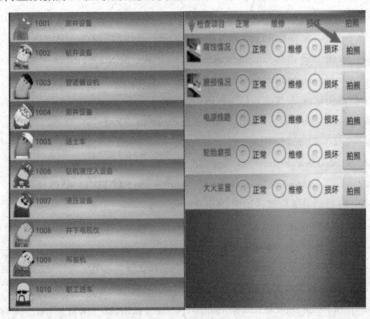

图 11-57 设备巡检 APP

程序中连接的是 MySQL 数据库管理系统(或者 SQL Server 2008，只需要将程序中 // mysql 下面的程序换成//sqlserver 下面的程序即可)。

设备表结构(equipments)如表 11-2 所示。

表 11-2　equipments 表结构

字段名称	数据类型	字段大小	是否主键	功能描述
eNumber	nvarchar	6	是	设备编码
eName	nvarchar	50	否	设备名称
eLogo	varbinary		否	设备 logo

检修设备表结构(repair_equipments)如表 11-3 所示。

表 11-3　repair_equipments 表结构

字段名称	数据类型	字段大小	是否主键	功能描述
rID	nvarchar	4	是	维修项编号
rNumber	nvarchar	6	是	设备编号
rName	nvarchar	20	否	检修项目
rState	nvarchar	6	否	检修状态
rTime	date	11	否	检查时间
rPhoto	varbinary		否	维修照片

主程序如下：

```java
//MainActivity.java
package com.example.sqltest;

import java.sql.DriverManager;
import java.sql.PreparedStatement;
import java.sql.ResultSet;
import java.sql.Statement;
import java.util.ArrayList;
import java.util.HashMap;
import java.util.List;
import java.util.Map;

import android.app.Activity;
import android.content.Intent;
import android.database.SQLException;
import android.os.Bundle;
import android.os.Handler;
import android.view.Menu;
import android.view.MenuItem;
```

```java
import android.view.View;

import android.view.View.OnClickListener;

import android.widget.AdapterView;

import android.widget.AdapterView.OnItemClickListener;

import android.widget.Button;

import android.widget.ListView;

import android.widget.SimpleAdapter;

import android.widget.Toast;

public class MainActivity extends Activity

{

    private int[] image = { 0 }; // 头像

    List<Map<String, Object>> list = new ArrayList<Map<String, Object>>();

    private PreparedStatement pstm = null;

    Statement stmt = null;

    // handler 处理对象，用于在跨线程时，在线程间的响应，用于控制主线程的控件

    //(不能跨线程控制控件)

    private Handler handler = new Handler();

    // mysql

    private String drive = "com.mysql.jdbc.Driver";

    //sqlserver

    // private String drive = "net.sourceforge.jtds.jdbc.Driver";

    // mysql

    private String connStr = "jdbc:mysql://sql.m163.vhostgo.com:3306/sanyee";

    //sqlserver

    // private String connStr ="jdbc:jtds:sqlserver://182.92.237.143:1433/wlf_WaterMgt";

    private static String uid = "sanyee";

    private static String pwd = "246179";

    private Button btn1;

    private Button btn2;

    private Button btn3;

    private ListView listView1;

    private int resultCount;

    private boolean m_QueryDatabase = false;

    @Override

    protected void onCreate(Bundle savedInstanceState) {

        super.onCreate(savedInstanceState);

        setContentView(R.layout.activity_main);

        btn1 = (Button) findViewById(R.id.btn_all);
```

```
btn2 = (Button) findViewById(R.id.btn_add);

btn3 = (Button) findViewById(R.id.btn_delete);

btn1.setOnClickListener(clickEvent());

btn2.setOnClickListener(clickEvent());

btn3.setOnClickListener(clickEvent());

listView1 = (ListView) findViewById(R.id.listView);

image = new int[30]; // 头像

InitArray(); // 初始化图片

// getData();

//数据库已经做好，暂时封闭，取开后

if (!m_QueryDatabase) {

    Thread thread = new Thread(new Runnable() {

    @Override

    public void run() {

        // TODO Auto-generated method stub

        // resultCount = QueryTable("Division");

        resultCount = QueryTable("equipment");

        m_QueryDatabase = true;

    }

});

    //线程运行

    thread.start();

}

while (!m_QueryDatabase) {

    try {

        Thread.sleep(500);

    } catch (InterruptedException e) {

        //TODO Auto-generated catch block

        e.printStackTrace();

    }

}

//使用系统定义的适配器

SimpleAdapter adapter = new SimpleAdapter(MainActivity.this, list, R.layout.adapter_item,

new String[] { "img", "title", "info" }, new int[] { R.id.img, R.id.title, R.id.info });

listView1.setAdapter(adapter);

//设备列表点击某一项

listView1.setOnItemClickListener(new OnItemClickListener() {

    @SuppressWarnings("unchecked")
```

```java
        public void onItemClick(AdapterView<?> parent, View view, int position, long id) {
            ListView listView = (ListView) parent;
            Map<String, Object> map = (HashMap<String, Object>)listView.getItemAtPosition(position);
            String m_id = (String) map.get("title");
            String m_name = (String) map.get("info");
            // 打开新的页面,显示该设备的维修项目
            Intent intent = new Intent(MainActivity.this, MaintainItems.class);
            intent.putExtra("m_id", m_id);
            intent.putExtra("name", m_name);
            startActivity(intent);
            MainActivity.this.finish();
        }
    });
}

//开始线程调用数据库查询本页面数据
public OnClickListener clickEvent() {
    return new OnClickListener() {
        //方法体
        @Override
        public void onClick(View view) {
            //TODO Auto-generated method stub
            if (view == btn1) {
                //必须开启新的线程执行
                Thread thread = new Thread(new Runnable() {
                    @Override
                    public void run() {
                        //TODO Auto-generated method stub
                        //hideButton(true);
                        //resultCount = QueryTable("Division"); //sqlserver
                        resultCount = QueryTable("equipment"); // mysql
                        m_QueryDatabase = true;
                        //setListView();
                        //线程在运行后，执行 Insert()方法，返回受影响行数，赋值给 resultCount
                        //resultCount = Insert();
                        //使用 handler，使主线程响应并执行 runShowResult 方法
                        handler.post(runShowResult);
                    }
                });
```

```
            //线程运行
            thread.start();
        } else if (view == btn2) {
        } else if (view == btn3) {
        }
    }
};
}

//初始化图像数组
public int InitArray() {
image[0] = R.drawable.man01;
image[1] = R.drawable.man02;
image[2] = R.drawable.man03;
image[3] = R.drawable.man04;
image[4] = R.drawable.man05;
image[5] = R.drawable.man06;
image[6] = R.drawable.man07;
image[7] = R.drawable.man08;
image[8] = R.drawable.man09;
image[9] = R.drawable.man10;
image[0] = R.drawable.man01;
image[1] = R.drawable.man02;
image[2] = R.drawable.man03;
image[3] = R.drawable.man04;
image[4] = R.drawable.man05;
image[5] = R.drawable.man06;
image[6] = R.drawable.man07;
image[7] = R.drawable.man08;
image[8] = R.drawable.man09;
image[9] = R.drawable.man10;
image[10] = R.drawable.man11;
image[11] = R.drawable.man12;
image[12] = R.drawable.man13;
image[13] = R.drawable.man14;
image[14] = R.drawable.man15;
image[15] = R.drawable.man16;
image[16] = R.drawable.man17;
image[17] = R.drawable.man18;
```

```
        image[18] = R.drawable.man19;
        image[19] = R.drawable.woman01;
        image[20] = R.drawable.woman02;
        image[21] = R.drawable.woman03;
        image[22] = R.drawable.woman04;
        image[23] = R.drawable.woman05;
        image[24] = R.drawable.woman06;
        image[25] = R.drawable.woman07;
        image[26] = R.drawable.woman08;
        image[27] = R.drawable.woman09;
        image[28] = R.drawable.woman10;
        image[29] = R.drawable.woman01;
        return 0;

    }
    //查询表
    public int QueryTable(String tablename) {
        int count = 0;
        java.sql.Connection con = null;
        String sql = "SELECT * FROM " + tablename + " order by number";
        //String sql = "SELECT [DCode] AS dcode,[Name] AS name FROM [Division]
        //ORDER BY dcode";
        try {
            //加载驱动
            Class.forName(drive);
        } catch (ClassNotFoundException e) {
            //TODO Auto-generated catch block
            e.printStackTrace();
        }
        //创建连接对象，加入连接字符串、用户名、密码
        try {
            con = DriverManager.getConnection(connStr, uid, pwd);
            pstm = con.prepareStatement(sql);
            ResultSet rs = pstm.executeQuery();
            while (rs.next()) {
                //{"img","title","info"}//下面不要变
                Map<String, Object> map = new HashMap<String, Object>();
                map.put("img", image[count % 30]);
                map.put("title", rs.getString("number"));
                map.put("info", rs.getString("name"));
```

```
            list.add(map);
            count++;
        }
        rs.close();
        pstm.close();
        con.close();
    } catch (java.sql.SQLException e) {
        // TODO Auto-generated catch block
        e.printStackTrace();
    }
    return count;
}

//操作数据库的方法
public int Insert() {
    int count = 0;
    java.sql.Connection con = null;
    try {
        //加载驱动
        Class.forName(drive);
    } catch (ClassNotFoundException e) {
        //TODO Auto-generated catch block
        e.printStackTrace();
    }

    try {
        //创建连接对象，加入连接字符串、用户名、密码
        try {
            con = DriverManager.getConnection(connStr, uid, pwd);
        } catch (java.sql.SQLException e) {
            //TODO Auto-generated catch block
            e.printStackTrace();
        }
    }
    //创建执行对象，并加入执行语句
    try {
        String sql = "insert into [ICCard]([ICID],[WaterUserID]) values ('666666','999999999')";
        //String sql = "select * from ICCard";
        pstm = con.prepareStatement(sql);
    } catch (java.sql.SQLException e) {
        //TODO Auto-generated catch block
```

```java
                    e.printStackTrace();
            }
            //执行 SQL 语句，并返回受影响行数
            try {
                count = pstm.executeUpdate();
                // ResultSet rs = pstm.executeQuery();
            } catch (java.sql.SQLException e) {
                // TODO Auto-generated catch block
                e.printStackTrace();
                }
            } catch (SQLException e) {
                // TODO Auto-generated catch block
                e.printStackTrace();
                count = -1;
            } finally {
                try {
                    //关闭连接
                    pstm.close();
                    con.close();
                } catch (Exception e2) {
                    // TODO: handle exception
                    e2.printStackTrace();
                }
            }
        return count;
    }

    //主线程响应方法，用于显示提示气泡
    public Runnable runShowResult = new Runnable() {
        @Override
        public void run() {
            // TODO Auto-generated method stub
            String tips = "受影响行数为：" + resultCount;
            //弹出气泡
            Toast.makeText(getApplicationContext(), tips, Toast.LENGTH_SHORT).show();
        }
    };

    @Override
    public boolean onCreateOptionsMenu(Menu menu) {
```

```java
// Inflate the menu; this adds items to the action bar if it is present.
// getMenuInflater().inflate(R.menu.main, menu);
    return true;
}

@Override
public boolean onOptionsItemSelected(MenuItem item) {
    int id = item.getItemId();
    return super.onOptionsItemSelected(item);
}

private List<Map<String, Object>> getData() {
    Map<String, Object> map = new HashMap<String, Object>();
    map.put("title", "第 1 车间");
    map.put("info", "压缩机设备 1");
    map.put("img", R.drawable.man01);
    list.add(map);

    map = new HashMap<String, Object>();
    map.put("title", "第 2 车间");
    map.put("info", "压缩机设备 2");
    map.put("img", R.drawable.man02);
    list.add(map);

    map = new HashMap<String, Object>();
    map.put("title", "第 3 车间");
    map.put("info", "压缩机设备 3");
    map.put("img", R.drawable.man03);
    list.add(map);

    map = new HashMap<String, Object>();
    map.put("title", "第 4 车间");
    map.put("info", "压缩机设备 4");
    map.put("img", R.drawable.man04);
    list.add(map);

    map = new HashMap<String, Object>();
    map.put("title", "第 5 车间");
    map.put("info", "压缩机设备 5");
    map.put("img", R.drawable.man05);
    list.add(map);
```

```java
map = new HashMap<String, Object>();
map.put("title", "第 6 车间");
map.put("info", "压缩机设备 6");
map.put("img", R.drawable.man06);
list.add(map);

map = new HashMap<String, Object>();
map.put("title", "第 7 车间");
map.put("info", "压缩机设备 7");
map.put("img", R.drawable.man07);
list.add(map);

map = new HashMap<String, Object>();
map.put("title", "第 8 车间");
map.put("info", "压缩机设备 8");
map.put("img", R.drawable.man08);
list.add(map);

map = new HashMap<String, Object>();
map.put("title", "第 9 车间");
map.put("info", "压缩机设备 9");
map.put("img", R.drawable.man09);
list.add(map);

map = new HashMap<String, Object>();
map.put("title", "第 10 车间");
map.put("info", "压缩机设备 10");
map.put("img", R.drawable.man01);
list.add(map);

map = new HashMap<String, Object>();
map.put("title", "第 11 车间");
map.put("info", "压缩机设备 11");
map.put("img", R.drawable.woman01);
list.add(map);

map = new HashMap<String, Object>();
map.put("title", "第 12 车间");
map.put("info", "压缩机设备 12");
map.put("img", R.drawable.woman02);
list.add(map);
```

```
map = new HashMap<String, Object>();
map.put("title", "第 13 车间");
map.put("info", "压缩机设备 13");
map.put("img", R.drawable.woman03);
list.add(map);

map = new HashMap<String, Object>();
map.put("title", "第 1 车间");
map.put("info", "压缩机设备 1");
map.put("img", R.drawable.woman04);
list.add(map);

map = new HashMap<String, Object>();
map.put("title", "第 2 车间");
map.put("info", "压缩机设备 2");
map.put("img", R.drawable.woman05);
list.add(map);

map = new HashMap<String, Object>();
map.put("title", "第 3 车间");
map.put("info", "压缩机设备 3");
map.put("img", R.drawable.ic_launcher);
list.add(map);

map = new HashMap<String, Object>();
map.put("title", "第 4 车间");
map.put("info", "压缩机设备 4");
map.put("img", R.drawable.ic_launcher);
list.add(map);

map = new HashMap<String, Object>();
map.put("title", "第 5 车间");
map.put("info", "压缩机设备 5");
map.put("img", R.drawable.ic_launcher);
list.add(map);

map = new HashMap<String, Object>();
map.put("title", "第 6 车间");
map.put("info", "压缩机设备 6");
map.put("img", R.drawable.ic_launcher);
list.add(map);
```

```java
map = new HashMap<String, Object>();
map.put("title", "第 7 车间");
map.put("info", "压缩机设备 7");
map.put("img", R.drawable.ic_launcher);
list.add(map);

map = new HashMap<String, Object>();
map.put("title", "第 8 车间");
map.put("info", "压缩机设备 8");
map.put("img", R.drawable.ic_launcher);
list.add(map);

map = new HashMap<String, Object>();
map.put("title", "第 9 车间");
map.put("info", "压缩机设备 9");
map.put("img", R.drawable.ic_launcher);
list.add(map);

map = new HashMap<String, Object>();
map.put("title", "第 10 车间");
map.put("info", "压缩机设备 10");
map.put("img", R.drawable.ic_launcher);
list.add(map);

map = new HashMap<String, Object>();
map.put("title", "第 11 车间");
map.put("info", "压缩机设备 11");
map.put("img", R.drawable.ic_launcher);
list.add(map);

map = new HashMap<String, Object>();
map.put("title", "第 12 车间");
map.put("info", "压缩机设备 12");
map.put("img", R.drawable.ic_launcher);
list.add(map);

map = new HashMap<String, Object>();
map.put("title", "第 13 车间");
map.put("info", "压缩机设备 13");
map.put("img", R.drawable.ic_launcher);
list.add(map);
return list;
```

```
        }
    }
```

//适配器 MaintainAdapter.java
package com.example.sqltest;

import java.util.HashMap;
import java.util.List;
import java.util.Map;

import android.content.Context;
import android.graphics.Bitmap;
import android.view.LayoutInflater;
import android.view.View;
import android.view.ViewGroup;
import android.widget.AdapterView;
import android.widget.BaseAdapter;
import android.widget.Button;
import android.widget.ImageView;
import android.widget.RadioButton;
import android.widget.RadioGroup;
import android.widget.RadioGroup.OnCheckedChangeListener;
import android.widget.TextView;
import android.widget.Toast;

```
public class MaintainAdapter extends BaseAdapter implements View.OnClickListener {
    private Context mContext;
    private LayoutInflater mInflater;
    private List<Map<String, Object>> mList;
    private int mItemLayoutId;
    private CallBack mCallBack;
    public static final Map<Integer, String> map = new HashMap<Integer, String>();
    public    MaintainAdapter(MaintainItems    context,    List<Map<String,    Object>>    list,    int
adapterItemMaintain,
        MaintainItems callBack) {
            // TODO Auto-generated constructor stub
            mContext = context;
            mInflater = LayoutInflater.from(context);
            mList = list;
            mItemLayoutId = adapterItemMaintain;
            mCallBack = callBack;
```

```java
    }

    public interface CallBack {
        public void click(View view);
    }
    @Override
    public int getCount() {
        // TODO Auto-generated method stub
        return mList.size();
    }

    @Override
    public Object getItem(int position) {
        // TODO Auto-generated method stub
        return mList.get(position);
    }

    @Override
    public long getItemId(int position) {
        // TODO Auto-generated method stub
        return position;
    }

    public class ViewHolder {
        ImageView img;
        TextView title;
        RadioGroup rg;
        RadioButton rb1;
        RadioButton rb2;
        RadioButton rb3;
        Button btn_pic;
    }

    @Override
    public View getView(final int position, View convertView, ViewGroup parent) {
        // TODO Auto-generated method stub
        // TODO Auto-generated method stub
        ViewHolder holder = null;
        if (convertView == null) {
            convertView = mInflater.inflate(mItemLayoutId, null);
            holder = new ViewHolder();
```

```
                holder.img = (ImageView) convertView.findViewById(R.id.img);
                holder.title = (TextView) convertView.findViewById(R.id.title);
                holder.rg = (RadioGroup) convertView.findViewById(R.id.rgItem0);
                holder.rb1 = (RadioButton) convertView.findViewById(R.id.rgItem1);
                holder.rb2 = (RadioButton) convertView.findViewById(R.id.rgItem2);
                holder.rb2 = (RadioButton) convertView.findViewById(R.id.rgItem3);
                holder.btn_pic = (Button) convertView.findViewById(R.id.btn_pic);
                convertView.setTag(holder);
            } else {
                holder = (ViewHolder) convertView.getTag();
        }
    if (!(mList.get(position).get("img") == null))//是否是显示第一列图形
    {
        // holder.img.setBackgroundResource((Integer)mList.get(position).get("img"));
        //前面从数据库查询得到图片，保存到 list 中
        //MaintainItems->QueryTable-->map.put("img", bitmap);
        // 在这里设置显示
        holder.img.setImageBitmap((Bitmap) mList.get(position).get("img"));
    }
    if (mList.get(position).get("title") != "") //是否是显示第二列检查项目
        holder.title.setText((String) mList.get(position).get("title"));
    holder.title.setTag(mList.get(position));
    final RadioGroup rgBtn = holder.rg;
    rgBtn.setOnCheckedChangeListener(new OnCheckedChangeListener() {
        public void onCheckedChanged(RadioGroup group, int checkedId) {
            // TODO Auto-generated method stub
            RadioButton rbtn = (RadioButton) group.findViewById(checkedId);
            map.put(position, rbtn.getText().toString());
            Toast.makeText(mContext, rbtn.getText(),toString(), 1).show();
        }
    });
    holder.title.setTag(mList.get(position));
    holder.btn_pic.setOnClickListener(this);
    holder.btn_pic.setTag(position);
    return convertView;
    }
    @Override
    public void onClick(View v) {
    // TODO Auto-generated method stub
```

```
            mCallBack.click(v);
        }
    }

//MaintainItems.java
package com.example.sqltest;

import java.io.ByteArrayInputStream;
import java.io.ByteArrayOutputStream;
import java.io.File;
import java.io.FileInputStream;
import java.io.FileNotFoundException;
import java.io.FileOutputStream;
import java.io.FileReader;
import java.io.IOException;
import java.io.InputStream;
import java.io.OutputStream;
import java.nio.ByteBuffer;
import java.sql.Blob;
import java.sql.Date;
import java.sql.DriverManager;
import java.sql.PreparedStatement;
import java.sql.ResultSet;
import java.sql.Statement;
import java.util.ArrayList;
import java.util.HashMap;
import java.util.Iterator;
import java.util.List;
import java.util.Map;
import java.util.Map.Entry;

import com.example.nfc.ReadUriActivity;
import com.example.sqltest.MaintainAdapter.CallBack;

import android.app.Activity;
import android.app.AlertDialog;
import android.content.ContentValues;
import android.content.Context;
import android.content.DialogInterface;
import android.content.Intent;
import android.content.res.Resources;
```

```
import android.database.SQLException;
import android.graphics.Bitmap;
import android.graphics.BitmapFactory;
import android.graphics.drawable.BitmapDrawable;
import android.icu.text.SimpleDateFormat;
import android.net.Uri;
import android.os.Bundle;
import android.os.Environment;
import android.provider.MediaStore;
import android.support.v4.content.FileProvider;
import android.util.Log;
import android.view.LayoutInflater;
import android.view.View;
import android.view.View.OnClickListener;
import android.view.ViewGroup;
import android.view.Window;
import android.widget.AdapterView;
import android.widget.BaseAdapter;
import android.widget.Button;
import android.widget.ImageView;
import android.widget.LinearLayout;
import android.widget.ListView;
import android.widget.RadioButton;
import android.widget.RadioGroup;
import android.widget.RelativeLayout;
import android.widget.SimpleAdapter;
import android.widget.TableRow;
import android.widget.TextView;
import android.widget.Toast;

import java.util.ArrayList;

import android.app.Activity;
import android.database.Cursor;
import android.database.sqlite.SQLiteDatabase;
import android.graphics.Bitmap;
import android.graphics.BitmapFactory;
import android.graphics.drawable.BitmapDrawable;
import android.graphics.drawable.Drawable;
import android.os.Bundle;
```

```java
import android.widget.ImageView;

public class MaintainItems extends Activity implements AdapterView.OnItemClickListener,
    MaintainAdapter.CallBack {
    List<Map<String, Object>> list = new ArrayList<Map<String, Object>>();
    private int[] image = { 0 }; //头像,drawable 类型
    private ImageView LinPic; //行照片
    private ImageView imageView; //设备检修拍照
    private int mLineNumber = 0; //选择的当前行号
    public static final int NONE = 0;
    public static final int PHOTOHRAPH = 1; //拍照
    public static final int PHOTOZOOM = 2; //缩放
    public static final int PHOTORESOULT = 3; //结果
    public static final String IMAGE_UNSPECIFIED = "image/*";
    protected static final int NFC_START = 0;
    private String[][] mFileName = null; //保存拍照文件名,提交数据库的文件名
    private String path = ""; //保存拍照文件路径,不含文件名
    private ByteArrayOutputStream stream = null; //拍照文件输出流
    private int bitmap_Width = 188; //该数值要保存到手机
    private int bitmap_Height = 252; //该数值要保存到手机
    private MaintainAdapter MaintainAdapter;
    private static Context context;
    private Map<Integer, String> ItemMap;
    private List<String> list_maintain;
    private Button btn_submit; //提交按钮
    private Button btn_back; //返回按钮
    private Button btn_nfc; //NFC 识别

    private ListView listView1; //列表,即维修项目行
    private int resultCount; //上一个页面返回维修项目行数
    String m_id = ""; //上一个页面返回的 ID，表示某个设备编码
    String name = ""; //上一个页面返回的 name，表示某个设备名称
    private String drive = "com.mysql.jdbc.Driver"; //mysql
    // private String drive = "net.sourceforge.jtds.jdbc.Driver";//sqlserver

    private String connStr = "jdbc:mysql://sql.m163.vhostgo.com:3306/sanyee"; //mysql
    // private String connStr
    // ="jdbc:jtds:sqlserver://182.92.237.143:1433/wlf_WaterMgt"; //sqlserver
    // private static String uid = "watersale";
    // private static String pwd = "watersale";
```

```java
private static String uid = "sanyee";
private static String pwd = "246179";
private boolean m_QueryDatabase = false; //是否读取了数据库

@Override
protected void onCreate(Bundle savedInstanceState) {
    super.onCreate(savedInstanceState);
    requestWindowFeature(Window.FEATURE_NO_TITLE);

    setContentView(R.layout.maintainitems);
    // m_id/m_name 是上个页面传递过来的参数
    m_id = getIntent().getStringExtra("m_id");
    name = getIntent().getStringExtra("name");
    TextView tv = (TextView) findViewById(R.id.equipment_name);
    tv.setText(name);
    listView1 = (ListView) findViewById(R.id.listView);

    btn_submit = (Button) findViewById(R.id.submit);
    btn_back = (Button) findViewById(R.id.back);
    btn_nfc = (Button) findViewById(R.id.nfc);
    context = this;
    listView1 = (ListView) findViewById(R.id.listView);
    ItemMap = MaintainAdapter.map;

    imageView = (ImageView) findViewById(R.id.img);
    list_maintain = new ArrayList<String>();

    image = new int[30]; //头像,drawable
    //数据库必须在线程中打开
    if (!m_QueryDatabase) {
        Thread thread = new Thread(new Runnable() {
        @Override
        public void run() {
            // TODO Auto-generated method stub
            try {
                resultCount = QueryTable("maintain");
            } catch (IOException e) {
                // TODO Auto-generated catch block
                e.printStackTrace();
            } //查维修项目表
                m_QueryDatabase = true;
```

```
            }
        });
        //线程运行
        thread.start();
    }
    //等待数据库线程结束，获得数据，准备显示
    while (!m_QueryDatabase) {
        try {
        Thread.sleep(2000);
        } catch (InterruptedException e) {
        // TODO Auto-generated catch block
        e.printStackTrace();
        }
    }
    //在 listView 中显示数据，使用的是外部适配器，若正确则不要再更换
    MaintainAdapter = new MaintainAdapter(MaintainItems.this, list,
        R.layout.adapter_item_maintain,MaintainItems.this);
    listView1.setAdapter(MaintainAdapter);     //获得维修项目行数
    resultCount = MaintainAdapter.getCount(); //测试数据用
    mFileName = new String[resultCount][1];
    //选择每个维修项目时处理的事件，目前意义不大，测试正确
    listView1.setOnItemClickListener(new ListView.OnItemClickListener() {
        @Override
        public void onItemClick(AdapterView<?> adapterView, View view, int i, long l) {
            Toast.makeText(MaintainItems.this, "item 点击事件  i = " + (i + 1),
            Toast.LENGTH_SHORT).show();
        }
    });
    //开始验证
    btn_nfc.setOnClickListener(new OnClickListener() {
        @Override
        public void onClick(View v) {
            Intent intent = new Intent(MaintainItems.this, ReadUriActivity.class);
            startActivity(intent);
            MaintainItems.this.finish();
        }
    });
    //填写完毕，提交数据
    btn_submit.setOnClickListener(new OnClickListener() {
```

```
        @Override
        public void onClick(View v) {
            // TODO Auto-generated method stub
            // showToast("map.size() = " + ItemMap.size());
            StringBuffer sb = new StringBuffer(100);
            //遍历 map 中的 key 和 value
            Iterator<Map.Entry<Integer, String>> it = ItemMap.entrySet().iterator();
            while (it.hasNext()) {
                Map.Entry<Integer, String> entry = it.next();
                System.out.println("key= " + entry.getKey() + " and value= " + entry.getValue());
                sb.append(entry.getKey() + "," + entry.getValue().trim() + ";");
            }
            // sb.deleteCharAt(sb.length()-1); //截取最后一个字符
            / sb.insert(sb.length(), ","); //在最后一个位置添加字符
            String data = sb.toString();
            // tv.setText(data);
            Toast.makeText(MaintainItems.this, data, Toast.LENGTH_LONG).show();
        }
    });
    //返回上页面
    btn_back.setOnClickListener(new OnClickListener() {
        @Override
        public void onClick(View v) {
            // TODO Auto-generated method stub
            Intent intent = new Intent(MaintainItems.this, MainActivity.class);
            startActivity(intent);
            MaintainItems.this.finish();
        }
    });
}

// "拍照"后，调用这里，更新数据库照片
public int UpdateTable() throws SQLException, IOException {
    String mnumber = (String) list.get(mLineNumber).get("mnumber"); // 维修项目编号
    int count = 0;
    java.sql.Connection con = null;
    PreparedStatement pstm = null;
    Statement stmt = null;
    String sql = "UPDATE `sanyee`.`maintain` SET `picture` =?   where number=" + m_id + "
and mnumber=" + mnumber;
```

```
        try {
            //加载驱动
            Class.forName(drive);
        } catch (ClassNotFoundException e) {
            // TODO Auto-generated catch block
            e.printStackTrace();
        }
        //创建连接对象，加入连接字符串、用户名、密码
        try {
            con = DriverManager.getConnection(connStr, uid, pwd);
            pstm = con.prepareStatement(sql);
            //拍照传递过来的数据流
            InputStream is = new ByteArrayInputStream(stream.toByteArray());
            ((PreparedStatement) pstm).setBinaryStream(1, is, is.available());
            count = pstm.executeUpdate();
            pstm.close();
            con.close();
        } catch (java.sql.SQLException e) {
            // TODO Auto-generated catch block
            e.printStackTrace();
        }
        return count;
    }
    //查询数据库的表
    public int QueryTable(String tablename) throws IOException {
        int count = 0;
        java.sql.Connection con = null;
        PreparedStatement pstm = null;

        String sql = "select * from " + tablename + " where number=" + m_id;
        FileOutputStream fos = null;
        InputStream in = null;
        byte[] Buffer = new byte[4096];

        try {
            //加载驱动
            Class.forName(drive);
        } catch (ClassNotFoundException e) {
            // TODO Auto-generated catch block
            e.printStackTrace();
```

```
    }
//创建连接对象，加入连接字符串、用户名、密码
try {
    con = DriverManager.getConnection(connStr, uid, pwd);
    pstm = con.prepareStatement(sql);
    ResultSet rs = pstm.executeQuery();
    while (rs.next()) {
        // {"img","title"...}//下面不要变
        Map<String, Object> map = new HashMap<String, Object>();
        Bitmap bitmap = null;
        if (rs.getString("picture") != null) {
            in = rs.getBinaryStream("picture");
            bitmap = BitmapFactory.decodeStream(in);
        }
        map.put("img", bitmap);
        map.put("mnumber", rs.getString("mnumber"));// 维修项目编号,不显示
        map.put("title", rs.getString("item"));
        list.add(map);
        count++;
    }
    rs.close();
    pstm.close();
    con.close();
} catch (java.sql.SQLException e) {
    // TODO Auto-generated catch block
    e.printStackTrace();
}
return count;
}

//初始化图像数组
public int InitArray() {
        image[0] = R.drawable.man01;
        image[1] = R.drawable.man02;
        image[2] = R.drawable.man03;
        image[3] = R.drawable.man04;
        image[4] = R.drawable.man05;
        image[5] = R.drawable.man06;
        image[6] = R.drawable.man07;
```

```
            image[7] = R.drawable.man08;
            image[8] = R.drawable.man09;
            image[9] = R.drawable.man10;
            image[0] = R.drawable.man01;
            image[1] = R.drawable.man02;
            image[2] = R.drawable.man03;
            image[3] = R.drawable.man04;
            image[4] = R.drawable.man05;
            image[5] = R.drawable.man06;
            image[6] = R.drawable.man07;
            image[7] = R.drawable.man08;
            image[8] = R.drawable.man09;
            image[9] = R.drawable.man10;
            image[10] = R.drawable.man11;
            image[11] = R.drawable.man12;
            image[12] = R.drawable.man13;
            image[13] = R.drawable.man14;
            image[14] = R.drawable.man15;
            image[15] = R.drawable.man16;
            image[16] = R.drawable.man17;
            image[17] = R.drawable.man18;
            image[18] = R.drawable.man19;
            image[19] = R.drawable.woman01;
            image[20] = R.drawable.woman02;
            image[21] = R.drawable.woman03;
            image[22] = R.drawable.woman04;
            image[23] = R.drawable.woman05;
            image[24] = R.drawable.woman06;
            image[25] = R.drawable.woman07;
            image[26] = R.drawable.woman08;
            image[27] = R.drawable.woman09;
            image[28] = R.drawable.woman10;
            image[29] = R.drawable.woman01;
            return 0;
        }

        private List<Map<String, Object>> getData() {
            Map<String, Object> map = new HashMap<String, Object>();
            map.put("title", "压缩机设备 1");
```

```
map.put("img", R.drawable.man01);
list.add(map);

map = new HashMap<String, Object>();
map.put("title", "压缩机设备 2");
map.put("img", R.drawable.man02);
list.add(map);

map = new HashMap<String, Object>();
map.put("title", "压缩机设备 3");
map.put("img", R.drawable.man03);
list.add(map);

map = new HashMap<String, Object>();
map.put("title", "压缩机设备 4");
map.put("img", R.drawable.man04);
list.add(map);

map = new HashMap<String, Object>();
map.put("title", "压缩机设备 5");
map.put("img", R.drawable.man05);
list.add(map);

map = new HashMap<String, Object>();
map.put("title", "压缩机设备 6");
map.put("img", R.drawable.man06);
list.add(map);

map = new HashMap<String, Object>();
map.put("title", "压缩机设备 7");
map.put("img", R.drawable.man07);
list.add(map);

map = new HashMap<String, Object>();
map.put("title", "压缩机设备 8");
map.put("img", R.drawable.man08);
list.add(map);

map = new HashMap<String, Object>();
map.put("title", "压缩机设备 9");
map.put("img", R.drawable.man09);
list.add(map);
```

```
        map = new HashMap<String, Object>();
        map.put("title", "压缩机设备 10");
        map.put("img", R.drawable.man01);
        list.add(map);

        map = new HashMap<String, Object>();
        map.put("title", "压缩机设备 11");
        map.put("img", R.drawable.woman01);
        list.add(map);

        map = new HashMap<String, Object>();
        map.put("title", "压缩机设备 12");
        map.put("img", R.drawable.woman02);
        list.add(map);

        map = new HashMap<String, Object>();
        map.put("title", "压缩机设备 12");
        map.put("img", R.drawable.woman03);
        list.add(map);
        return list;
    }

    //拍照后自动调用处理
    @Override
    protected void onActivityResult(int requestCode, int resultCode, Intent data) {
        // 选择存储
        if (resultCode == Activity.RESULT_OK) {
            String sdStatus = Environment.getExternalStorageState();
            if (!sdStatus.equals(Environment.MEDIA_MOUNTED)) { // 检测 sd 是否可用
                Log.v("TestFile", "SD card is not avaiable/writeable right now.");
                Toast.makeText(this, "未检测到 SD 卡", Toast.LENGTH_SHORT).show();
                return;
            }

            Bundle bundle = data.getExtras();
            Bitmap bitmap = (Bitmap) bundle.get("data");// 获取相机返回的数据，并转换为
    Bitmap 图片格式
            try {
                stream = new ByteArrayOutputStream();
                //75 是压缩率，表示压缩掉 75%; 如果不压缩是 100，表示压缩率为 0
                bitmap_Width = bitmap.getWidth();
```

```
                bitmap_Height = bitmap.getHeight();
                bitmap.compress(Bitmap.CompressFormat.JPEG, 50, stream);
            } catch (Exception e) {
                e.printStackTrace();
            } finally {
                try {
                    stream.flush();
                    stream.close();
                } catch (IOException e) {
                    e.printStackTrace();
                }
            }

            LinPic.setImageBitmap(bitmap);// 将图片显示在 ImageView 里

            Thread thread = new Thread(new Runnable() {
                @Override
                public void run() {
                    // TODO Auto-generated method stub
                    try {
                        resultCount = UpdateTable();// 更新维修项目中该项目的图片
                    } catch (SQLException e) {
                        // TODO Auto-generated catch block
                        e.printStackTrace();
                    } catch (IOException e) {
                        // TODO Auto-generated catch block
                        e.printStackTrace();
                    }
                }
            });
            //线程运行
            thread.start();
            Toast.makeText(MaintainItems.this, "resultCount= " + resultCount,
            Toast.LENGTH_SHORT).show();
        }
        super.onActivityResult(requestCode, resultCode, data);
    }
    //图片缩放
    public void startPhotoZoom(Uri uri) {
        Intent intent = new Intent("com.android.camera.action.CROP");
```

```java
        intent.setDataAndType(uri, IMAGE_UNSPECIFIED);
        intent.putExtra("crop", "true");
        // aspectX aspectY  是宽高的比例
        intent.putExtra("aspectX", 1);
        intent.putExtra("aspectY", 1);
        // outputX outputY  是裁剪图片宽度?
        intent.putExtra("outputX", 72); // intent.putExtra("outputX", 64);
        intent.putExtra("outputY", 72); // intent.putExtra("outputY", 64);
        intent.putExtra("return-data", true);
        startActivityForResult(intent, PHOTORESOULT);
    }

    //点击每一行的"拍照"
    @Override
    public void click(View view) {
        // TODO Auto-generated method stub
        View v1 = (View) view.getParent();
        //同级的其他对象
        LinPic = (ImageView) v1.findViewById(R.id.img);
        //取出选择的行号,从 0 开始
        mLineNumber = (Integer) view.getTag();
        //取得当前日期时间
        SimpleDateFormat formatter = new SimpleDateFormat("yyyyMMddHHmmss");
        Date curDate = new Date(System.currentTimeMillis());// 获取当前时间
        String strDate = formatter.format(curDate);
        //文件名:行代码+时间
        String fname = strDate + ".jgp";
        mFileName[mLineNumber][0] = fname;// 保存文件名到数组

        path = android.os.Environment.getExternalStorageDirectory() + "/myPic/";

        fname = path + fname;
        mFileName[mLineNumber][0] = fname;

        //启动系统照相机
        Intent intent = new Intent(MediaStore.ACTION_IMAGE_CAPTURE);
        startActivityForResult(intent, 1);
    }

    //这里不执行，但是删除程序会出现错误，调用每一行的点击时参考这里
    listView1.setOnItemClickListener
```

```
    @Override
    public void onItemClick(AdapterView<?> arg0, View arg1, int arg2, long arg3) {
        // TODO Auto-generated method stub
        Toast.makeText(MaintainItems.this, "二次  i = ", Toast.LENGTH_SHORT).show();
    }
}

//activity_main.xml
<?xml version="1.0" encoding="utf-8"?>
<LinearLayout xmlns:android="http://schemas.android.com/apk/res/android"
    android:layout_width="match_parent"
    android:layout_height="match_parent"
    android:background="@drawable/backgroud"
    android:orientation="vertical">
    <LinearLayout
        android:layout_width="match_parent"
        android:layout_height="wrap_content"
        android:orientation="horizontal">
        <TextView
            android:id="@+id/login_title"
            android:layout_width="match_parent"
            android:layout_height="30dp"
            android:gravity="center_horizontallcenter_vertical"
            android:text="西安钢管研究所设备维修"
            android:textSize="20sp" />
    </LinearLayout>
    <ListView
        android:id="@+id/listView"
        android:layout_width="fill_parent"
        android:layout_height="fill_parent"
        >
    </ListView>
    <Button
        android:id="@+id/btn_all"
        android:layout_width="wrap_content"
        android:layout_height="wrap_content"
        android:layout_above="@+id/btn_add"
        android:layout_alignLeft="@+id/btn_add"
        android:layout_marginBottom="10dip"
```

```
                    android:text="@string/btn1"/>
        <Button
            android:id="@+id/btn_add"
            android:layout_width="wrap_content"
            android:layout_height="wrap_content"
            android:layout_centerHorizontal="true"
            android:layout_centerVertical="true"
            android:text="@string/btn2" />
        <Button
            android:id="@+id/btn_delete"
            android:layout_width="wrap_content"
            android:layout_height="wrap_content"
            android:layout_alignLeft="@+id/btn_add"
            android:layout_below="@+id/btn_add"
            android:layout_marginTop="10dip"
            android:text="@string/btn3" />
</LinearLayout>

//maintainitems.xml
<?xml version="1.0" encoding="utf-8"?>
<LinearLayout xmlns:android="http://schemas.android.com/apk/res/android"
        android:layout_width="match_parent"
        android:layout_height="match_parent"
        android:background="@drawable/background"
        android:orientation="vertical">
        <LinearLayout
            android:layout_width="match_parent"
            android:layout_height="wrap_content"
            android:orientation="vertical">
            <TextView
                android:id="@+id/equipment_name"
                android:layout_width="match_parent"
                android:layout_height="30dp"
                android:gravity="center_horizontallcenter_vertical"
                android:text="设备检修项目"
                android:textSize="20sp" />
            <TextView
                android:id="@+id/login_title1"
                android:layout_width="match_parent"
```

```
            android:layout_height="30dp"
            android:background="@drawable/pic20"
            android:gravity="center_horizontallcenter_vertical"
            android:text="    检查项目      正常        维修      损坏      拍照"
            android:textSize="14sp" />
    </LinearLayout>
    <RelativeLayout
        android:id="@+id/bottom"
        android:layout_width="fill_parent"
        android:layout_height="wrap_content">
        <ListView
            android:id="@+id/listView"
            android:layout_width="fill_parent"
            android:layout_height="fill_parent">
        </ListView>
        <LinearLayout
            android:id="@+id/bottom1"
            android:layout_width="fill_parent"
            android:layout_height="wrap_content"
            android:layout_alignParentBottom="true"
            android:background="@drawable/pic20"
            android:orientation="horizontal">
            <Button
                android:id="@+id/back"
                android:layout_width="fill_parent"
                android:layout_height="wrap_content"
                android:layout_marginTop="2dip"
                android:layout_weight="1"
                android:text="@string/back" />
            <Button
                android:id="@+id/submit"
                android:layout_width="fill_parent"
                android:layout_height="wrap_content"
                android:layout_marginTop="2dip"
                android:layout_weight="1"
                android:text="@string/submit" />
            <Button
                android:id="@+id/nfc"
                android:layout_width="fill_parent"
```

```
                        android:layout_height="wrap_content"
                        android:layout_marginTop="2dip"
                        android:layout_weight="1"
                        android:text="@string/identification"/>
            </LinearLayout>
        </RelativeLayout>
    </LinearLayout>

//strings.xml
<?xml version="1.0" encoding="utf-8"?>
<resources>
    <string name="app_name">设备管理</string>
    <string name="hello_world">Hello world!</string>
    <string name="action_settings">Settings</string>
    <string name="menu_settings">Settings</string>
    <string name="title_activity_main">MainActivity</string>
    <string name="btn1">查看所有货物信息</string>
    <string name="btn2">增加一条货物信息</string>
    <string name="btn3">删除一条货物信息</string>
    <string name="add_hint1">输入添加的货物的名称</string>
    <string name="add_hint2">输入货物的数量</string>
    <string name="confirm">确定</string>
    <string name="cancel">取消</string>
    <string name="pic">拍照</string>
    <string name="rgRadio1">正常</string>
    <string name="rgRadio2">维修</string>
    <string name="rgRadio3">损坏</string>
    <string name="btn_update">提交</string>
    <string name="nfc_content">NFC 识别码</string>
    <string name="identification">识别</string>
    <string name="submit">提交</string>
    <string name="back">返回</string>
</resources>

//color.xml
<?xml version="1.0" encoding="utf-8"?>
<resources>
    <color name="kongxian">#ff2a9400</color>
    <color name="fuwu">#ffff7200</color>
    <color name="haoping">#ffff0c00</color>
```

```xml
<color name="zhongpin">#ffe9a400</color>
<color name="chapin">#ff000000</color>
<color name="black">#ff000000</color>
<color name="holo_blue_bright">#ff00ddff</color>
<color name="transparent_background">#50000000</color>
<color name="transparent">#00000000</color>
<color name="gold">#ffb89766</color>
<color name="light_grey">#aaaaaa</color>
<color name="light_blue">#e2eefb</color>
<color name="dark_blue">#4f89cc</color>
<color name="light_gray">#9D9D9D</color>
<color name="project_bg">#f0f0f0</color>
<drawable name="row_background_normal">#fff</drawable>
<drawable name="row_background_pressed">#4f89cc</drawable>
<drawable name="orange">#FF8000</drawable>
<drawable name="gray">#C0C0C0</drawable>
<drawable name="darkGray">#A8A8A8</drawable>
<drawable name="black">#000000</drawable>
<drawable name="white">#FFFFFF</drawable>
<color name="trans">#00000000</color>
<drawable name="blue">#0000FF</drawable>
<drawable name="yellow">#FFFF00</drawable>
<drawable name="red">#FF0000</drawable>
<drawable name="green">#00FF00</drawable>
<drawable name="yellowGreen">#99CC32</drawable>
<drawable name="pink">#BC8F8F</drawable>
<drawable name="purple">#DB70DB</drawable>
<color name="btn_bg_en">#7EA43C</color>
<color name="btn_bg_pressed">#A82E26</color>
<color name="btn_bg_unen">#484848</color>
<color name="yellow">#fff4982f</color>
<color name="green1">#fff1c530</color>
<color name="gray1">#ffaaaaaa</color>
<color name="gray2">#ff999999</color>
<color name="gray3">#ffbbbbbb</color>
<color name="gray4">#ff666666</color>
<color name="gray5">#ff333333</color>
<color name="gray6">#fff2f2f2</color>
<color name="gray7">#ffdedede</color>
```

```
<color name="gray8">#ff737573</color>
<color name="orange">#ffff7100</color>
<color name="background_color">#ffd0ecf8</color>
<color name="page_bg">#fff4f4f4</color>
<color name="listitem_text_highlight">#ff333333</color>
<color name="listitem_text">#ff999999</color>
<color name="tab_text">#ffffffff</color>
<color name="infowindow_title">#ff333333</color>
<color name="infowindow_des">#ff666666</color>
<color name="title">#ff333333</color>
<color name="des">#ff666666</color>
<color name="input">#ff333333</color>
<color name="formore_title">#ff666666</color>
<color name="formore_des">#ff999999</color>
<color name="highlight">#ff066fdb</color>
<color name="body_top_bg">#ffd8d8d8</color>
<color name="body_bottom_bg">#ffd8d8d8</color>
<color name="no_history">#ffcccccc</color>
<color name="disable">#ffcccccc</color>
<color name="dialog_bg">#ffd8d8d8</color>
<color name="dialog_title">#ff666666</color>
<color name="citydownload_title_bg">#ffd8d8d8</color>
<color name="citydownload_title_text1">#ff4b4b4b</color>
<color name="citydownload_title_text2">#ff7f7f7f</color>
<color name="hint">#ffafb1b2</color>
<color name="status_downloading">#ff066fdb</color>
<color name="status_waiting">#ff066fdb</color>
<color name="status_pause">#ffee6b01</color>
<color name="download_bar_bg">#ffe8e8e8</color>
<color name="price_text">#fff4f4f4</color>
<color name="source_text">#ff7f7f7f</color>
<color name="route_line_normal">#d80071ce</color>
<color name="route_line_selected">#d800a8ff</color>
<color name="bus_line_normal">#c834a3ff</color>
<color name="bus_line_selected">#c80069ac</color>
<color name="route_segment_summary">#ff4b4b4b</color>
<color name="dismeasure_line">#fffa7d00</color>
<color name="dismeasure_infowindow">#fff4f4f4</color>
<color name="location_circle">#1100a2ff</color>
```

```xml
<color name="off_notif_loading">#ff2392ce</color>
<color name="off_notif_suspending">#fff10000</color>
<color name="tab_selected">#ffffffff</color>
<color name="tab_not_selected">#ffb3b3b3</color>
<color name="listdef">#ffeeeeee</color>
<color name="listex">#ffced3db</color>
<color name="listpress">#ffd8dce2</color>
<color name="poilistpress">#ffffffff</color>
<color name="clildview_bg">#ffe7e7e7</color>
<color name="poilistdef">#fff1f1f1</color>
<color name="defaultText">#ff333333</color>
<color name="menu_bg">#ffe6e6e6</color>
<color name="localmap_red">#fff10000</color>
<color name="localmap_blue">#ff0093ee</color>
<color name="localmap_gray">#ff3b3b3b</color>
<color name="bus_result_list_group">#fff7f7f7</color>
<color name="bus_result_list_child">#ffebebeb</color>
<color name="main_map_bottom_normal">#ff44454d</color>
<color name="main_map_bottom_focus">#ff3c7cea</color>
<color name="comment_btn_text_color">#ffd9d9d9</color>
<color name="comment_title_color">#ff494c58</color>
<color name="comment_transparent_color">#00000000</color>
<color name="list_section_color">#ffcacaca</color>
<color name="main_map_scene_button_color">#ff4f4444</color>
<color name="nav_poilistdef">#fff1f1f1</color>
<color name="nav_poilistpress">#ffffffff</color>
<color name="calcmode_text_color_not_selected">#ffb3b3b3</color>
<color name="calcmode_text_color_selected">#ffffffff</color>
<color name="background_light">#ffffffff</color>
<color name="hint_foreground_light">#ff808080</color>
<color name="hint_foreground_dark">#ff808080</color>
<color name="dim_foreground_light">#ff323232</color>
<color name="dim_foreground_light_disabled">#80323232</color>
<color name="dim_foreground_dark">#ffbebebe</color>
<color name="dim_foreground_dark_inverse">#ff323232</color>
<color name="dim_foreground_dark_disabled">#80bebebe</color>
<color name="dim_foreground_dark_inverse_disabled">#80323232</color>
<color name="bright_foreground_light">#ff000000</color>
<color name="bright_foreground_light_inverse">#ffffffff</color>
```

```xml
        <color name="bright_foreground_light_disabled">#80000000</color>
        <color name="bright_foreground_dark">#ffffffff</color>
        <color name="bright_foreground_dark_disabled">#80ffffff</color>
        <color name="bright_foreground_dark_inverse">#ff000000</color>
    </resources>

//AndroidManifest.xml
<?xml version="1.0" encoding="utf-8"?>
<manifest xmlns:android="http://schemas.android.com/apk/res/android"
    package="com.example.sqltest"
    android:versionCode="1"
    android:versionName="1.0">
    <uses-sdk
        android:minSdkVersion="14"
        android:targetSdkVersion="21" />
    <application
        android:allowBackup="true"
        android:icon="@drawable/logo"
        android:label="@string/hello_world"
        android:theme="@android:style/Theme.Light.NoTitleBar">
        <provider
            android:name="android.support.v4.content.FileProvider"
            android:authorities="com.jph.takephoto.fileprovider"
            android:exported="false"
            android:grantUriPermissions="true">
            <meta-data
                android:name="android.support.FILE_PROVIDER_PATHS"
                android:resource="@xml/file_paths" />
        </provider>
        <activity
            android:name="com.example.nfc.ReadTextActivity"
            android:launchMode="singleTop" />
        <activity
            android:name="com.example.nfc.ReadUriActivity"
            android:launchMode="singleTop" />
        <activity
            android:name="com.example.nfc.WriteTextActivity"
            android:launchMode="singleTop" />
        <activity
```

```
            android:name="com.example.nfc.BaseNfcActivity"
            android:launchMode="singleTop" />
    <activity
            android:name="com.example.nfc.TagTextActivity"
            android:launchMode="singleTop" />
    <activity
            android:name="com.example.nfc.ReadUriActivity"
            android:launchMode="singleTop" />
    <activity
            android:name=".MaintainItems"
            android:label="@string/app_name">
    </activity>
    <activity
            android:name="com.example.nfc.WriteUriActivity"
            android:label="读写 NFC 标签的 Uri"
            android:launchMode="singleTop">
        <intent-filter>
            <action android:name="android.nfc.action.NDEF_DISCOVERED" />
            <category android:name="android.intent.category.DEFAULT" />
            <!-- 拦截 NFC 标签中存储有以下 Uri 前缀的 -->
            <data android:scheme="http" />
            <data android:scheme="https" />
            <data android:scheme="ftp" />
        </intent-filter>
        <intent-filter>
            <action android:name="android.nfc.action.NDEF_DISCOVERED" />
            <category android:name="android.intent.category.DEFAULT" />
            <!-- 定义可以拦截文本 -->
            <data android:mimeType="text/plain" />
        </intent-filter>
    </activity>
    <activity
            android:name=".MainActivity"
            android:label="@string/app_name">
        <intent-filter>
            <action android:name="android.intent.action.MAIN" />
            <category android:name="android.intent.category.LAUNCHER" />
        </intent-filter>
    </activity>
```

```
    </application>
    <uses-permission android:name="android.permission.ACCESS_NETWORK_STATE" />
    <uses-permission android:name="android.permission.INTERNET" />
    <uses-permission android:name="android.permission.READ_CONTACTS">
    </uses-permission>
    <uses-permission android:name="android.permission.CAMERA" />
    <uses-feature android:name="android.hardware.camera" />
    <uses-feature
        android:name="android.hardware.camera.autofocus"
        android:required="false" />
    <uses-permission android:name="android.permission.NFC" />
    <uses-feature
        android:name="android.hardware.nfc"
        android:required="true" />
</manifest>
```

11.5 地图定位 APP

目前，基本上每部智能手机都具有手机定位功能，手机定位功能的应用也越来越广泛，程序实现手机定位也非常容易。本节就以 Android 百度地图开发为例，说明手机定位等功能程序的实现过程。

11.5.1 申请 API key

(1) 在使用百度地图之前，必须申请一个百度地图的 API key，申请地址为 http://lbsyun.baidu.com/apiconsole/key，自己注册一个百度账号就可以申请到。如图 11-58 所示是注册账号的页面。

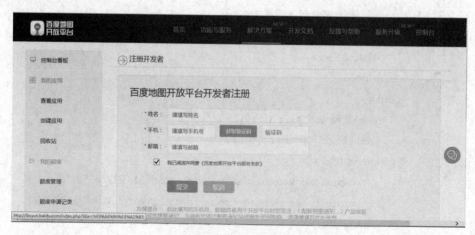

图 11-58 注册百度账号

(2) 登录自己的账号，点击"我的应用"→"创建应用"，如图 11-59 所示，输入应用名称。

11-59 创建应用

(3) 输入应用名称后选择应用类型，如图 11-60 所示。在 Eclipse 中选取项目，打开 Window→Preferences→Android→Build，复制图 11-61"SHA1 fingerprint"中的内容到图 11-60 的"发布版 SHA1"中。在图 11-60 的"PackageName"中输入自己的包名，填写完毕，点击"提交"按钮。

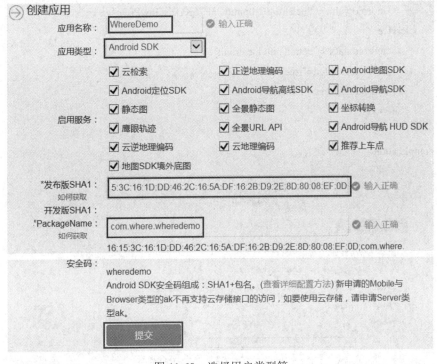

图 11-60 选择用户类型等

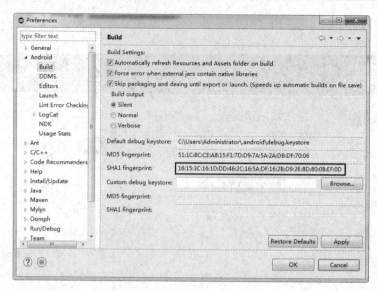

图 11-61　在 Eclipse 中复制"SHA1 fingerprint"中的内容

（4）获取应用 AK，如图 11-62 所示，复制到自己项目 AndroidManifest.xml 文件的适当位置，程序如下：

```
<application
……
    <meta-data
        android:name="com.baidu.lbsapi.API_KEY"
        android:value="8bcBlrd402t0pjm6C3P76KOZaG6wPfQc" />
    <service
        android:name="com.baidu.location.f"
        android:enabled="true"
        android:process=":remote">
    </service>
…
</application>
```

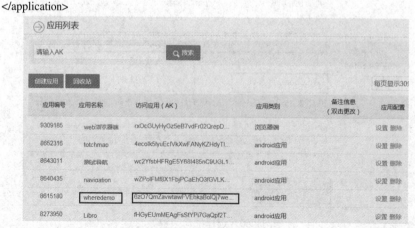

图 11-62　获得应用程序的 AK

11.5.2　下载百度地图 API 库

要在 Android 应用中使用百度地图 API，就需要在工程中引用百度地图 API 开发包，下载地址为 http://developer.baidu.com/map/sdkandev-download.htm。目前的版本是 Android 地图 SDK V5.3.2，下载解压即可，如图 11-63 所示。

图 11-63　百度地图下载解压

11.5.3　在 Android 项目中引用百度地图

(1) 在 Eclipse 中右键选择项目 New→Folder，输入文件夹名"libs"，点击"Finish"按钮，如图 11-64 所示。

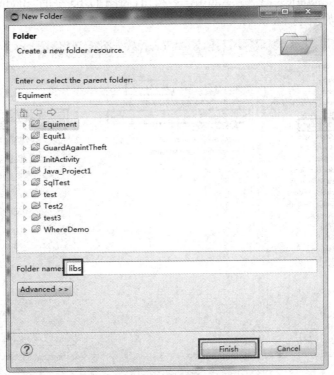

图 11-64　项目中新建 libs 文件夹

(2) 将图 11-63 解压的文件复制到新建的文件夹中，如图 11-65 所示。

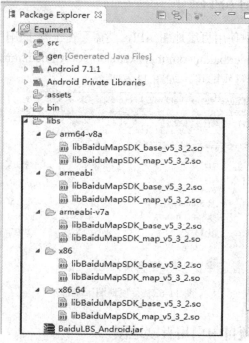

图 11-65　复制 SDK 到项目 libs 目录

(3) 在 Eclipse 中选择项目，右键选择"Properties"，在出现的界面左侧选择"Java Build Path"，右边选择"Libraries"，点击"Add JARs"按钮，将图 11-65 中的"BaiduLBS_Android.jar"文件添加进来，如图 11-66 所示。

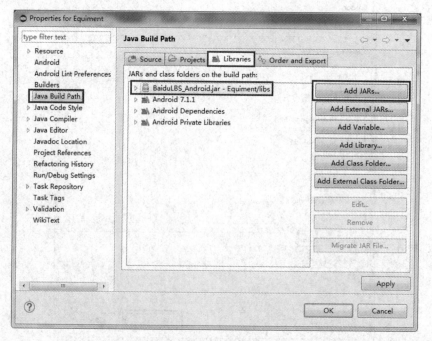

图 11-66　项目中添加 JAR 文件

(4) 在主界面布局文件 activity_main.xml 中添加百度地图控件，程序如下：

```
<RelativeLayout xmlns:android="http://schemas.android.com/apk/res/android"
    xmlns:tools="http://schemas.android.com/tools"
    android:layout_width="match_parent"
    android:layout_height="match_parent">
    <com.baidu.mapapi.map.MapView
        android:id="@+id/bmapView"
        android:layout_width="fill_parent"
        android:layout_height="fill_parent"
        android:clickable="true" />
    <Button
        android:id="@+id/btn"
        android:layout_width="wrap_content"
        android:layout_height="wrap_content"
        android:text="普通" />
    <RadioGroup
        android:id="@+id/group"
        android:layout_width="wrap_content"
        android:layout_height="wrap_content"
        android:layout_alignParentRight="true"
        android:background="#eee"
        android:orientation="vertical">
        <RadioButton
            android:id="@+id/r1"
            android:layout_width="wrap_content"
            android:layout_height="wrap_content"
            android:text="默认图标" />
        <RadioButton
            android:id="@+id/r2"
            android:layout_width="wrap_content"
            android:layout_height="wrap_content"
            android:text="自定义图标" />
    </RadioGroup>
</RelativeLayout>
```

(5) 在 AndroidManifest.xml 文件添加所需权限，程序如下：

```
……
<uses-permission android:name="android.permission.ACCESS_NETWORK_STATE"/>
<uses-permission android:name="android.permission.INTERNET"/>
<uses-permission android:name="com.android.launcher.permission.READ_SETTINGS" />
```

```
<uses-permission android:name="android.permission.WAKE_LOCK"/>
<uses-permission android:name="android.permission.CHANGE_WIFI_STATE" />
<uses-permission android:name="android.permission.ACCESS_WIFI_STATE" />
<uses-permission android:name="android.permission.GET_TASKS" />
<uses-permission android:name="android.permission.WRITE_EXTERNAL_STORAGE"/>
<uses-permission android:name="android.permission.WRITE_SETTINGS" />
</manifest>
```

（6）运行发布程序，界面如图 11-67 所示。

图 11-67　百度地图定位程序发布界面

当然，读者还可以在上面增加一些其他功能，如 3D 地图、交通线路等，由于篇幅所限，这里不再赘述。另外，如果读者不想使用百度地图，也可以使用高德地图、Google 地图，过程类似，这里不再详细说明。

思考和练习

1. 熟悉在 Eclipse 中生成 Android APP 项目的过程。
2. 熟悉 Android 开发中模拟器的安装和配置方法。

3．熟悉使用模拟器或手机调试 Android 程序的方法。

4．熟悉 Android 开发中与 SQL Server 数据库的连接方法。

5．熟悉 Android 开发中与 MySQL 数据库的连接方法。

6．熟悉 Android 开发中与 Bmob 数据库的连接方法。

7．在 SQL Server 数据库中建立表 11-4，并将表中的数据输入到数据库。再用 Android 程序连接数据库，从数据库中读出并在自己手机上显示这些数据。

表 11-4　习题 7 的表

序号	名　称	型　号	价　格	产　地
1	洗衣机	MH2016	1050	广州
2	电冰箱	Y1203/23	2300	深圳
3	电视机	BX12-89	3500	西安
4	吸尘器	VC1026-9	1800	宝鸡

8．熟悉百度地图定位 APP 的开发流程。

9．在自己的手机上开发一个百度手机定位 APP 程序。

参 考 文 献

[1]　况立群，熊风光，杨晓文，等. 面向对象程序设计. 北京：清华大学出版社，2013.

[2]　沈鑫剡，俞海英，魏涛，等. 计算机基础与计算思维. 北京：清华大学出版社，2014.

[3]　我不是姐姐. Java 异常处理机制详解. https://www.cnblogs.com/vaejava/articles/6668809.html，2017-04-05.

[4]　Qi_Yuan. Java 中的异常处理机制. https://www.cnblogs.com/liangqiyuan/p/5576156.html，2016-06-11.

[5]　只争朝夕. Java 八大基本数据类型以及包装类. https://blog.csdn.net/vv_/article/details/81559525, 2018-08-10.

[6]　sharpel.java.util.vector 中的 Vector 的详细用法. https://www.cnblogs.com/sharpel/p/5860077.html，2016-09-10.

[7]　runoob.com.Java Vector 类. https://www.runoob.com/java/java-stack-class.html, 2013-2019.

[8]　低调人生. Java 队列：queue 详细分析. https://www.cnblogs.com/lemon-flm/p/7877898.html，2017-11-22.

[9]　我是一名老菜鸟. Java API：Arrays 类，https://www.cnblogs.com/yangyquin/p/4949443.html，2015-11-09.

[10]　runoob.com.Java 数据结构. https://www.runoob.com/java/java-hashtable-class.html，2013-2019.

[11]　如果天空不死. DataInputStream(数据输入流)的认知、源码和示例. http://www.cnblogs.com/skywang12345/p/io_14.html, 2013-10-31.

[12]　不是好人. DataInputStream 数据类型数据输入输出流. https://www.cnblogs.com/xiaolei121/p/5773471.html，2016-08-15.

[13]　akon_vm. Java RandomAccessFile 用法. https://blog.csdn.net/akon_vm/article/details/7429245，2012-04-05.

[14]　橙子潘潘. InputStreamReader 和 BufferedReader 用法及真实案例. https://www.jianshu.com/ p/705ddc84936d，2017-03-29.

[15]　Sun Microsystems, Inc. JavaTM Platform Standard Edition 6API 规范. http://tool.oschina.net/ uploads/apidocs/jdk-zh/java/io/IOException.html，2007.

[16]　吴仁群. Java 基础教程[M]. 3 版. 北京：清华大学出版社，2016.

[17]　扶松柏，陈小玉. Java 开发从入门到精通[M]. 北京：人民邮电出版社，2016.